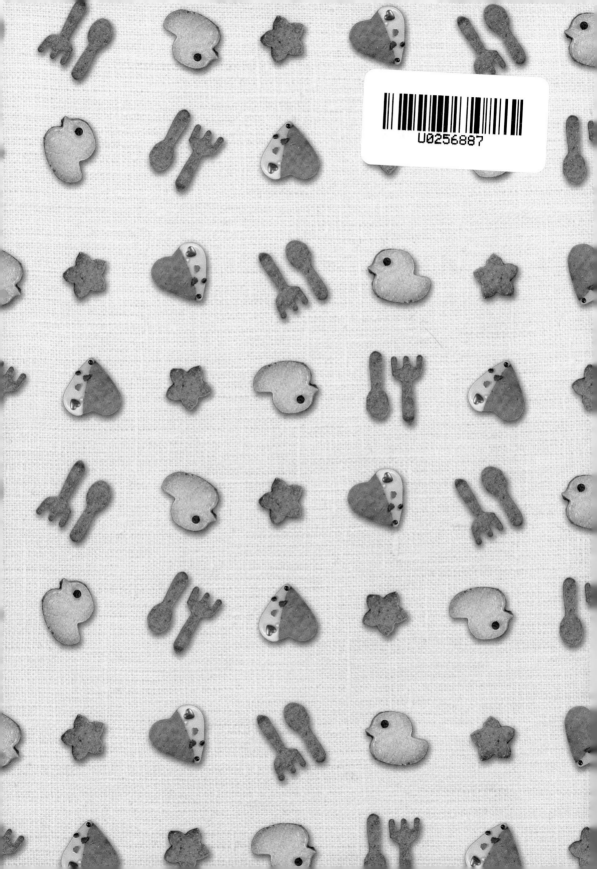

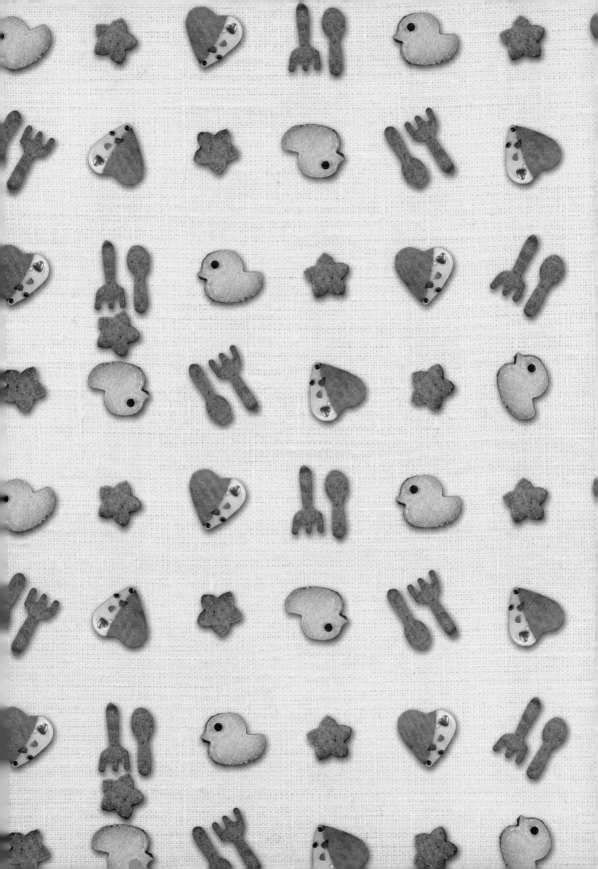

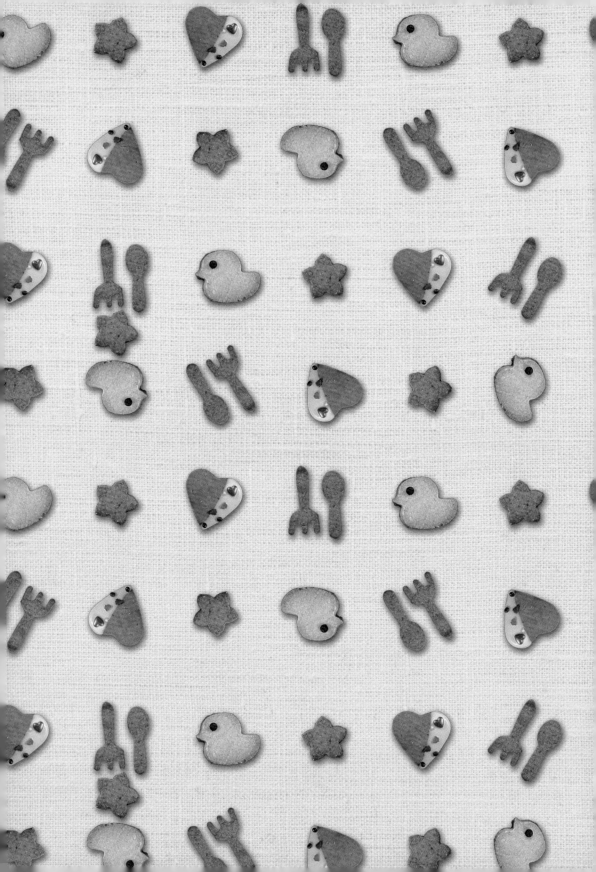

幸福无添加的
手作饼干

吕老师的80道五星级饼干与点心

吕升达◎著

青岛出版社
QINGDAO PUBLISHING HOUSE

自序

用爱烘焙出 100% 的幸福与健康

近年来，食品安全问题层出不穷，身处家庭第一道防线的妈妈们，无不为家人的健康忧心。只有自己亲手制作的食物，才能让家人吃得安心。为了营造轻松制作饼干甜点的氛围，老师设计了一系列操作简单的糕点食谱，只需使用搅拌器、钢盆和小烤箱，就能在家打造出属于自己的美味点心房。

本书没有艰深的理论和技术，只有美味健康和幸福烘焙。制作饼干时，我们不能想着如果失败了怎么办？而是要想想家人吃到饼干时的笑容！

本书收录 80 种配方，都是 100% 的健康美味饼干，没有小苏打、泡打粉等任何化学添加物，只有满满的爱心、真心和用心，希望与所有读者一起分享。

特别感谢协力本书的吕雅琪、柯美庄、陈诗婷、叶琼芬（叶旺旺）、刘安绮、邓钰桦。

吕升达

序

PART 1

压延饼干

PART 2

手感饼干

PART 3

特殊饼干

PART 4

小点心

饼干基本元素

本书将带着大家，在家里制作好吃又健康的点心饼干。步骤简易，即便是小朋友也能快乐地参与。仅利用制作饼干的基础食材——"粉、糖、油、液"，按比例调配，不需要加小苏打粉、泡打粉等添加物就能完美烘烤，再佐以"装饰、配料"食材，就能衍生出各式各样的饼干！

● 粉—淀粉

● 低筋面粉

● 全麦面粉

● 玉米粉

● 米粉

● 杏仁粉

● 抹茶粉

● 即溶咖啡粉

● 红茶粉

● 芝士粉

● 洋香菜粉

糖

● 砂糖

● 红糖

● 枫糖浆

● 糖粉

● 赤黑糖

● 黑糖

● 蜂蜜

● 炼乳

油

● 奶油（本书均使用"无盐奶油"）

● 橄榄油

● 粉—风味粉

● 奶粉

● 可可粉

● 肉桂粉

● 南瓜粉

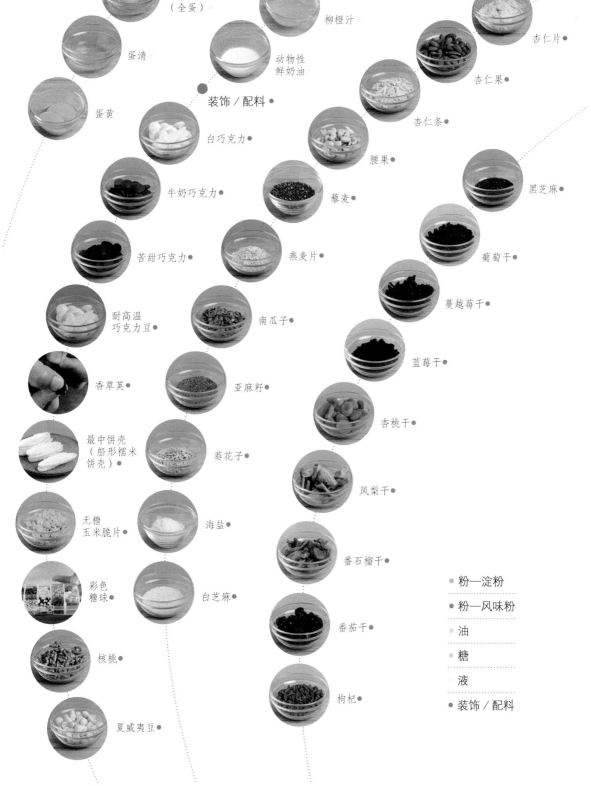

液

鸡蛋
（全蛋）

鲜奶

柳橙汁

蛋清

动物性
鲜奶油

杏仁片●

蛋黄

装饰／配料●

杏仁果●

白巧克力●

杏仁条●

腰果●

黑芝麻●

牛奶巧克力●

藜麦●

葡萄干●

苦甜巧克力●

燕麦片●

蔓越莓干●

耐高温
巧克力豆●

南瓜子●

蓝莓干●

香草荚●

亚麻籽●

杏桃干●

最中饼壳
（船形糯米
饼壳）

葵花子●

凤梨干●

无糖
玉米脆片●

海盐●

番石榴干●

彩色
糖球●

白芝麻●

番茄干●

核桃●

枸杞●

夏威夷豆●

● 粉—淀粉

● 粉—风味粉

● 油

● 糖

● 液

● 装饰／配料

吕老师 Note

1. 书中特别标明**"赏味期限"**，代表着每种手工饼干能够享用到最佳风味的期限，希望能让大家了解到，饼干并不是放越久越好，而是有期限的。"赏味期限"也可用在自组饼干礼盒时，选用相同期限的组合。

   书中的手工饼干完全没有任何添加物，**保存期限**是赏味期再加 2~3 天。

2. 本书的大多数配方**素**食者可食用，包括蛋素、奶素、蛋奶素、全素等，请参详各配方使用食材。

3. 所有粉类在使用前均需先**过筛**，包括糖粉。

4. **鸡蛋**不管是全蛋、蛋清还是蛋黄，在使用前均需先打散成蛋花后再称量出所需用量。

5. 如果饼干需进烤箱烘烤，请使用**生坚果**，以免产生油耗味。

6. 饼干**出炉**后请尽量等冷却后再个别移动，以免形状塌散。

辅助说明 化开巧克力及烘烤坚果的注意事项

微波炉化开巧克力

设定 10~15 秒就取出搅拌，重复至全部化开为止。反复搅拌是为了保持巧克力中心温度不超过 45℃，以免巧克力变质。

隔水加热化开巧克力

以小火加热，加热过程水温不要超过 50℃，以免巧克力变质。

烘烤南瓜子与葵花子

以 120℃低温烘烤，**不计时直接观察烤炉内状况**，烤至坚果膨胀起来就可以出炉。
膨胀代表水分蒸发，若再继续烘烤，营养成分就会随水分流失。

烘烤杏仁条

以 120℃烘烤 20~25 分钟
（依个别烤箱状态而定）
要烤到表面金黄色且不出油的状态。注意不
要烤到变成咖啡色。

烘烤杏仁果

以 100~110℃烘烤 40~60 分钟
（依个别烤箱状态而定）
要烤到整颗杏仁果内外均呈酥脆的状态。因
为是整颗的完整谷物，所以要用低温烤久一
点，保留风味及营养。

烘烤腰果、夏威夷豆、核桃、胡桃等高油脂坚果

以 120℃烘烤 15~20 分钟左右
（依个别烤箱状态而定）
低温但烘烤时间要稍短，因为重点是要烤到
坚果将香气完全释放出来，而不是为了将其
烤脆。坚果烤脆反而会失去香气，就只是硬
而已。判断是否烘烤完成，一般是看烘烤出
的表面有无油光的状态。

炒芝麻

用小火炒，炒至芝麻出油且有香气，注意不
要炒到变色。

PART 1

压延饼干

Hard Biscuit

　　"压延饼干"是指饼干面团制作完成后，压延开来再造型的饼干类别。通常会经由冰箱冷藏让其更加凝结。不同厚度的饼干有不同的口感，可塑性很强，可以切成方块，也可用自己喜爱的各种饼干模具，让饼干变得更加有趣。

橄榄油
全麦饼干

赏味期
5 天

数量
10g×30个

器具
打蛋器
长刮刀
钢盆
擀面杖

食材
橄榄油 ⋯⋯⋯50g
全麦面粉 150g
红糖 ⋯⋯⋯40g
蜂蜜 ⋯⋯⋯40g
鲜奶 ⋯⋯⋯20g

烤箱设定
170℃
15 分钟

1. 钢盆中加入橄榄油、蜂蜜、红糖、鲜奶，用打蛋器搅拌均匀。

2. 加入过筛的 100% 全麦面粉，用长刮刀拌匀至看不见粉粒。

3. 将面团装进塑胶袋中，捏揉成团。

4. 先用手将袋中的面团压展开来，让面团顺着袋子形状成为方形。

5. 反折袋口，再用擀面杖将其均匀压平为约 0.5cm 厚的面团。若觉得擀面杖擀起来不够平整，可利用平烤盘或砧板压平面团。

6. 将面团放进冰箱冷藏 30 分钟。

7. 将包装的塑胶袋剪开，取出面团，用花形压模压印出饼干造型，置于烤盘内。

8. 放入已预热的烤箱中，以 170℃烤 15 分钟。

吕老师 Note

- 全麦饼干在一些国家被视为主食，并非点心。其含糖量也比较少，早期更是仅用天然蜂蜜而不再另外加糖。
- 全麦饼干较有饱腹感，因此选用的压模造型尽量不要太大。
- 健康营养的全麦饼干，香气来自所使用的橄榄油，因此请尽量选用好一点的橄榄油。
- 步骤4：隔着袋子擀压面团，会因为袋内有空气而不易压平，可先用牙签在塑胶袋的角落边缘刺 1~2 个小洞，即可顺利进行。
- 步骤5：全麦面粉属高筋面粉，先冷藏面团可避免出油、出筋。
- 步骤6：模具内先涂少许油，会比较好脱模。压模时注意间距不要太近，否则容易碎裂。

白巧克力尾巴猫全麦饼干

食材与步骤 1~7 同橄榄油全麦饼干。仅需多准备白巧克力，并将步骤 6 改用猫咪压模压印饼干造型。

8. 饼干出炉后晾凉。以隔水加热方式化开白巧克力，记得保持微温状态。

9. 将已晾凉的饼干斜放进巧克力酱中，让"尾巴"沾上巧克力。不要沾太厚，可在沾好时马上略甩动，将多余的巧克力酱甩落。

10. 饼干先在不粘布上放下再拿取，就能让部分巧克力酱留在不粘布上，而避免饼干上的巧克力酱分量过多。

11. 将饼干静置，待巧克力完全冷却即成。

吕老师 Note

❀ 善用可爱动物造型，可以吸引小朋友爱上健康无添加的饼干。

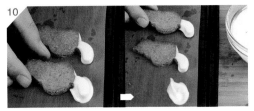

橄榄油杂粮饼干
与蜂蜜燕麦饼干

橄榄油杂粮饼干 ［全素］

赏味期

7 天

数量

15g × 23 个

器具

打蛋器
长刮刀
钢盆
擀面杖

食材

橄榄油 ⋯⋯⋯50g
红糖 ⋯⋯⋯⋯50g
蜂蜜 ⋯⋯⋯⋯50g
低筋面粉 ⋯100g
燕麦片 ⋯⋯⋯50g
杏仁片 ⋯⋯⋯20g
葵花子 ⋯⋯⋯20g
亚麻籽 ⋯⋯⋯10g

烤箱设定

150℃
25~30 分钟

1. 钢盆中加入橄榄油、蜂蜜、红糖，用打蛋器搅拌均匀。

2. 加入燕麦片、杏仁片、葵花子、亚麻籽、过筛的低筋面粉，用长刮刀拌匀至看不见粉粒。

3. 将面团在常温下静置 30 分钟，让所有风味渗透进面团。

4. 在烤盘上放置椭圆形模，从静置完成的面团中取出约 15g 的小面团，搓圆，放进模具中，以擀面杖一端压平后，轻抬高模具，慢慢脱模。

5. 放入已预热的烤箱中，以 150℃烤 25~30 分钟。

吕老师 Note ————

❀ 制作全麦或多谷物类饼干时，使用香气较浓的蜂蜜，效果会比使用枫糖更好。

❀ 步骤 4: 模具内先涂少许油，会比较容易脱模。

蜂蜜燕麦饼干

赏味期

5 天

数量

15g×20 个

器具

打蛋器
长刮刀
钢盆
擀面杖

食材

奶油·········40g
红糖·········60g
蜂蜜·········20g
鸡蛋·········15g
低筋面粉·······50g
全麦面粉·······20g
燕麦片·······70g
葡萄干·······20g

烤箱设定

150℃
25~30 分钟

1. 奶油在室温下软化至可用手指按压下去的程度。

2. 钢盆中加入软化的奶油、蜂蜜、红糖、鸡蛋，用打蛋器搅拌均匀即可，不要打太久。

3. 加入燕麦片、葡萄干、亚麻籽、过筛的低筋面粉、过筛的全麦面粉，用长刮刀拌匀至看不见粉粒。

4. 将面团在常温下静置 30 分钟，让所有风味渗透进面团。

5. 在烤盘上放置六角形模，从静置完成的面团中取出约 15g 的小面团搓圆，放进模具中，先以手指压开来，再以擀面杖一端压平。

6. 轻抬高模具，缓缓脱模。

7. 放入已预热的烤箱中，以 150℃ 烤 25~30 分钟。

吕老师 Note ─────────────

❀ 步骤 3：若喜欢葡萄干口味，可以自行再多加一点。
❀ 步骤 5：模具内先涂少许油，会比较容易脱模。

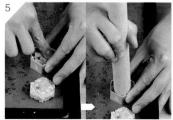

藜麦
方块酥

赏味期
7 天

数量
10g × 22 个

器具
打蛋器
长刮刀
钢盆
擀面杖
刀子
直尺

食材
奶油 ·········· 50g
糖粉 ·········· 30g
蛋清 ·········· 20g
低筋面粉 ····· 100g
全麦面粉 ····· 50g
煮熟的藜麦 ··· 30g

烤箱设定
160℃
20~25 分钟

1. 藜麦要先煮熟，完全沥干水分。

2. 奶油在室温下软化至可用手指按压下去的程度。

3. 钢盆中加入软化的奶油、糖粉，用打蛋器搅拌均匀即可，不要打太久。

4. 蛋清分 2 次加入，用打蛋器快速搅拌，均匀混合至看不到液体，颜色略变淡。

5. 加入煮熟的藜麦、过筛的低筋面粉、过筛的全麦面粉，用长刮刀拌匀至看不见粉粒。

6. 将面团装进塑胶袋中，在袋中用力捏揉成团。

7. 先用手将袋中的面团压展开来，让面团顺着袋子形状成为方形。

8. 反折袋口后，再用擀面杖将其均匀压平为约0.7cm 厚的面团。若觉得擀面杖擀起来不够平整，可利用平烤盘或砧板压平面团。

9. 将面团放进冰箱冷藏 60 分钟。

10. 将包装的塑胶袋剪开，取出面团，以刀子先修边，切除不规则边缘。

11. 将面团切成各 4.5cm×2cm 的方形，置于烤盘内。

12. 放入已预热的烤箱中，以 160℃烤 20~25 分钟。

吕老师 Note

◆ 方块酥的正统配方所使用的食材是猪油，如果是素食者，猪油可用奶油替代。若家人不是素食者，可直接用猪油或油葱酥制作。另外，奶油也可用橄榄油替代。

◆ 步骤 1：藜麦需先水洗过后沥干再煮。

◆ 步骤 3：不要搅拌太久使奶油颜色变浅，不然完成的饼干会容易掉屑。

◆ 步骤 7：隔着袋子擀压面团，会因为空气而不易压平，可先用牙签在塑胶袋的角落边缘刺 1~2 个小洞，即可顺利进行。

◆ 步骤 10：切割时如果觉得面团太软不好切，可先放冰箱冷冻室冰 10 分钟后再取出来切。剩余的面团边可收集起来放冰箱冷藏，在下次做方块酥时加入面团混合使用。

芝麻
方块酥

赏味期
5 天

数量
5g×36 个

器具
打蛋器
长刮刀
钢盆
擀面杖
刀子
直尺

食材
奶油⋯⋯⋯⋯50g
糖粉⋯⋯⋯⋯30g
蛋清⋯⋯⋯⋯20g
低筋面粉⋯130g
米粉⋯⋯⋯⋯20g
黑芝麻⋯⋯⋯15g
白芝麻⋯⋯⋯15g

烤箱设定

160℃
20~25 分钟

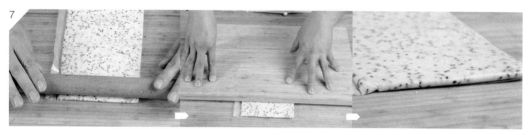

1. 奶油在室温下软化至可用手指按压下去的程度。

2. 钢盆中加入软化的奶油、糖粉，用打蛋器搅拌均匀即可，不要打太久。

3. 蛋清分 2 次加入，用打蛋器快速搅拌，均匀混合至看不到液体，颜色略变淡。

4. 加入黑芝麻、白芝麻、过筛的低筋面粉、过筛的米粉，用长刮刀拌匀至看不见粉粒。

5. 将面团装进塑胶袋中，在袋中用力捏揉成团。

6. 先用手将袋中的面团压展开来，让面团顺着袋子形状成为方形。

7. 反折袋口，再用擀面杖将其均匀压平为约 0.5cm 厚的面团。若觉得擀面杖擀起来不够平整，可利用平烤盘或砧板压平面团。

8. 将面团放进冰箱冷藏 60 分钟。

吕老师 Note

❀ 方块酥的正统配方所使用的食材是猪油，如果是素食者，猪油可用奶油替代。若家人不是素食者，可直接用猪油或油葱酥制作。另外，奶油也可用橄榄油替代。

❀ 步骤 2：不要搅拌太久让奶油颜色变浅，不然完成的饼干会容易掉屑。

❀ 步骤 7：隔着袋子擀压面团，会因为空气而不易压平，可先用牙签在塑胶袋的角落边缘刺 1~2 个小洞，即可顺利进行。

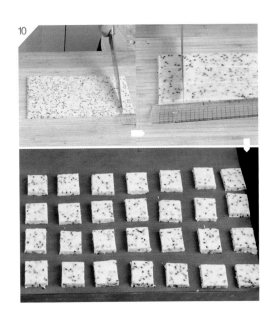

9. 将包装的塑胶袋剪开，取出面团，以刀子修边，切除不规则边缘，让面团成为方整的形状。

10. 将面团切成 2.5cm×2.5cm 的方形块，置于烤盘内。

11. 放入已预热的烤箱中，以 160℃烤 20~25 分钟。

 ## 芝麻酥小馒头

芝麻或藜麦方块酥的面团切完后，剩余的面团可收集起来放冰箱冷藏，在下次做方块酥时加入面团混合使用。或可做成圆圆的小馒头饼干。

1. 方块酥剩余面团个别取出约 10g，用掌心滚圆后置于烤盘内。用筛网撒上一层足量糖粉。

2. 放入已预热的烤箱中，以 160℃烤 15~20 分钟。

海盐
布雷顿饼干

赏味期
3 天

数量
25g × 12 个

器具
打蛋器
长刮刀
钢盆
擀面杖
圆形模
刷子

食材
奶油 ······ 80g
砂糖 30g
蛋黄 15g
低筋面粉 80g
全麦面粉 20g
杏仁粉 ······ 50g

装饰
蛋黄 ······ 适量
海盐 ······ 适量

烤箱设定
180℃
15~20 分钟

1. 奶油在室温下软化至可用手指按压下去的程度。

2. 钢盆中加入软化的奶油、砂糖，用打蛋器搅拌均匀即可，不要打太久。

3. 蛋黄分 2 次加入，用打蛋器快速搅拌，均匀混合至看不到液体，颜色略变淡。

4. 加入杏仁粉、过筛的低筋面粉、过筛的全麦面粉，用长刮刀拌匀至看不见粉粒。

5. 将面团装进塑胶袋中，在袋中用力捏揉成团。

6. 先用手将袋中的面团压展开来，让面团顺着袋子形状成为方形。

7. 反折袋口，再用擀面杖将其均匀压平为约1cm 厚的面团。若觉得擀面杖擀起来不够平整，可利用平烤盘或砧板压平面团。

吕老师Note

❀ 布雷顿饼干全名是 Bretagne Sablés，是法国布列塔尼地区的传统糕点。

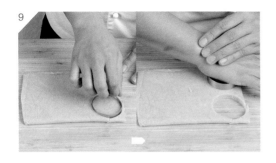

8. 将面团放进冰箱冷藏 60 分钟。

9. 将包装的塑胶袋剪开，取出面团，用圆形模压印饼干造型。

10. 脱模，将圆形面团底部朝上置于烤盘内。

11. 表面轻刷一层蛋黄液，撒上足量海盐。

12. 放入已预热的烤箱中，以 180℃烤 15~20 分钟。

吕老师Note

⚙ 步骤 9：模具内先涂少许油，会比较好脱模。压模时注意间距不要太近，否则容易碎裂。

 ### 鸭子布雷顿饼干

食材与步骤 1~10 同海盐布雷顿饼干，只是步骤 6 改用鸭子压模压印饼干造型，并使用耐高温巧克力豆当眼睛。

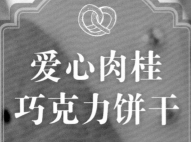

爱心肉桂
巧克力饼干

赏味期
5 天

数量

10g × 25 个

器具

打蛋器
长刮刀
钢盆
心形模
擀面杖

食材

低筋面粉	100g
玉米粉	20g
可可粉	4g
肉桂粉	1g
奶油	35g
枫糖浆	85g
鲜奶	5g

装饰

白巧克力	100g
市售彩色糖球	适量

烤箱设定

180℃
15~20 分钟

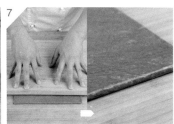

1. 奶油在室温下软化至可用手指按压下去的程度。

2. 钢盆中加入软化的奶油、枫糖浆、肉桂粉、可可粉，用打蛋器搅拌均匀即可，不要打太久。

3. 加入鲜奶，用打蛋器快速搅拌，均匀混合至完全融合。

4. 加入过筛的低筋面粉、过筛的玉米粉，用长刮刀拌匀至看不见粉粒。

5. 将面团装进塑胶袋中，在袋中用力捏揉成团。

6. 先用手将袋中的面团压展开来，让面团顺着袋子形状成为方形。

7. 反折袋口，再用擀面杖将其均匀压平为约0.5cm厚的面团。若觉得擀面杖擀起来不够平整，可利用平烤盘或砧板压平面团。

8. 将面团放进冰箱冷藏60分钟。

9. 将包装的塑胶袋剪开，取出面团，用心形模压出饼干造型后置于烤盘内。

10. 放入已预热的烤箱中，以180℃烤15~20分钟。

11. 饼干出炉后晾凉。以隔水加热方式化开白巧克力（可参考 p.12），记得保持微温状态。

12. 将已晾凉的饼干斜放进巧克力酱中，让饼干的1/3沾上巧克力，不要沾太厚，可在沾好时马上略甩动，将多余巧克力酱甩落。

13. 选用喜欢的彩色糖球，摆放在巧克力酱上加以装饰。

吕老师 Note

◆ 步骤 9：模具内先涂少许油，会比较容易脱模。压模时注意间距不要太近，否则容易碎裂。除了心形外，也可自行选用钥匙等各式造型的饼干模具。

◆ 步骤 13：彩色糖球可在烘焙材料店购得。

亚麻籽
枫糖饼干

赏味期
5 天

数量
10g × 15 个

器具
打蛋器
长刮刀
钢盆
三明治袋
擀面杖
刀子
直尺

食材
低筋面粉···65g
亚麻籽······30g
糖粉········10g
奶油········45g
枫糖浆······10g
白巧克力···25g

烤箱设定
170℃
12~15 分钟

1. 奶油在室温下软化至可用手指按压下去的程度。

2. 以隔水加热方式化开白巧克力（可参考p.12），记得保持微温状态。

3. 钢盆内加入软化的奶油、糖粉、枫糖浆、化开的白巧克力，用打蛋器搅拌均匀即可，不要打太久。

4. 加入过筛的低筋面粉、亚麻籽，用长刮刀拌匀至看不见粉粒。

5. 将面团装进塑胶袋中，在袋中用力捏揉成团。

6. 先用手将袋中的面团压展开来，让面团顺着袋子形状成为方形。

7. 反折袋口，再用擀面杖将其均匀压平为约0.5cm厚的面团。若觉得擀面杖擀起来不够平整，可利用平烤盘或砧板压平面团。

8. 将面团放进冰箱冷藏60分钟。

9. 将包装的塑胶袋剪开，取出面团，以刀子修边，切除不规则边缘，让面团成为方整的形状。

10. 将面团切成4cm×4cm的方形块，置于烤盘内。

11. 放入已预热的烤箱中，以170℃烤12~15分钟。

吕老师 Note

⚙ 步骤3：巧克力冷却会凝固，所以必须快速完成搅拌。

咖啡
核桃饼干

赏味期
3 天

数量
10g × 8 个

器具
打蛋器
长刮刀
钢盆
三明治袋
擀面杖

食材
奶油 ·············· 70g
红糖 ·············· 30g
即溶咖啡粉 ····· 3g
低筋面粉 ········· 90g
核桃 ·············· 25g
牛奶巧克力 ····· 20g

烤箱设定
180℃
18~20 分钟

1. 奶油在室温下软化至可用手指按压下去的程度。

2. 以隔水加热方式化开牛奶巧克力（可参考 p.12），记得保持微温状态。

3. 钢盆中加入软化的奶油、红糖、咖啡粉、化开的牛奶巧克力，用打蛋器搅拌均匀即可，不要打太久。

4. 加入过筛的低筋面粉、核桃，用长刮刀拌匀至看不见粉粒。

5. 将面团装进塑胶袋中，在袋中用力捏揉集中成团。

6. 先用手将袋中的面团压展开来，让面团顺着袋子形状成为方形。

7. 反折袋口，再用擀面杖将其均匀压平为约 0.8cm 厚的面团。若觉得擀面杖擀起来不够平整，可利用平烤盘或砧板压平面团。

8. 将面团放进冰箱冷藏 60 分钟。

9. 将包装的塑胶袋剪开，取出面团，用心形模压出饼干造型，置于烤盘内。

10. 放入已预热的烤箱中，以 180℃烤 18~20 分钟。

吕老师 Note

- 步骤 3：巧克力冷却会凝固，所以必须快速完成搅拌。
- 步骤 9：模具内先涂少许油，会比较容易脱模。压模时注意间距不要太近，否则容易碎裂。

PART 2

手感饼干

Feel Biscuits

完完全全用手来塑形，包括滚圆、揉长条状、轻轻压扁、拿叉子做造型等，甚至是简单到握拳就能塑造出饼干的手感形状。本章严选世界各地传统的家乡饼干配方，让你轻松感受制作手工饼干的成就感与乐趣。

意大利
奶酥小饼干

赏味期
5 天

数量
10g×16 个

器具
打蛋器
长刮刀
钢盆

食材
奶油 ┈┈┈ 40g
砂糖 ┈┈┈ 45g
鲜奶 ┈┈┈ 5g
低筋面粉 65g
奶粉 ┈┈┈ 20g

装饰
蛋清 ┈┈┈ 适量

烤箱设定
160℃
15 分钟

1. 奶油在室温下软化至可用手指按压下去的程度。

2. 将奶油用打蛋器打软。

3. 加入砂糖后用打蛋器搅拌，只要混合均匀即可，不要搅拌太久。

4. 加入鲜奶后用打蛋器均匀混合，混合至看不到鲜奶。

5. 加入过筛的低筋面粉、奶粉，用长刮刀拌匀至看不见粉粒。

6. 将面团取出，在桌面搓揉成团，取出约10g的小面团，先以握拳方式压紧，再用掌心轻轻滚圆成形。

7. 小拇指弯曲，用指节将饼干压凹。

8. 在面团表面刷上少许蛋清。

9. 放入已预热好的烤箱中，以160℃烤15分钟。

吕老师 Note

❀ 这是一款意大利的妈妈们都会做的乡村饼干，也是最基础的意大利传统饼干。妈妈们会以原味饼干为基础，再搭配喜欢的食材。配料除了坚果外，还可使用油渍番茄、巧克力等。

❀ 步骤7：压凹后边缘稍裂是正常状况。

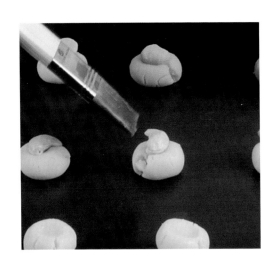

 ## 意大利奶酥腰果小饼干

食材与步骤 1~9 同意大利奶酥小饼干，只是在
步骤 8 时，刷上蛋清后需将一颗腰果放在奶酥
饼干面团凹槽处。

意大利奶酥
夏威夷豆小饼干

步骤 1~9 同意大利奶酥小饼干，只是在步骤 8
时，刷上蛋清后需将一颗夏威夷豆放在奶酥饼
干面团凹槽处。

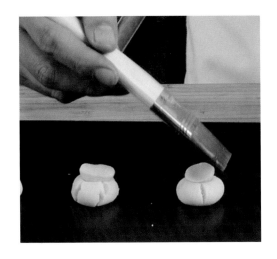

椰香
金字塔

赏味期
5 天

数量
15g × 14 个

器具
长刮刀
钢盆

食材
蛋清············40g
砂糖············100g
椰子粉··········75g

装饰
苦甜巧克力···适量

烤箱设定
170℃
25~30 分钟

4

吸收完成

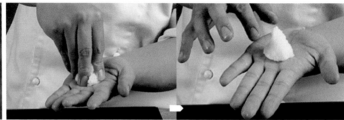

7

1. 将蛋清、糖一起加入小钢盆,以长刮刀搅拌均匀。

2. 加入椰子粉,用长刮刀拌匀。

3. 放冰箱冷藏 2 小时,让椰子粉充分吸收蛋清糖浆。

4. 从冷藏好的面团中取出约 15g 的小面团置于掌心,用手指的前端压捏面团的上方,要多次用围绕转动的方式捏塑,慢慢捏出金字塔形状,顶端捏成尖尖的。

5. 摆放上烤盘,放入已预热好的烤箱中,以 170℃烤 25~30 分钟。

6. 饼干出炉后晾凉。以隔水加热方式化开苦甜巧克力。

7. 用已晾凉的饼干底部蘸巧克力酱,摆放在干净的纸张上,静置冷却即成。

 ## 椰子球

数量	烤箱设定
10g × 20 个	170℃
	20 分钟
食材	
同椰香金字塔	

食材与步骤 1~3 同椰香金字塔。

4. 从冷藏好的面团中取出约 10g 的小面团，在掌心滚圆，摆放上烤盘。

5. 放入已预热的烤箱中，以 170℃烤 20 分钟。

 # 牛奶巧克力椰子球

食材与步骤 1~5 同椰子球。

6. 椰子球饼干出炉晾凉。隔水加热牛奶巧克力，将化开的巧克力装入裱花袋或三明治袋，在晾凉的饼干上快速挤画巧克力线条即成。

软式蔓越莓曲奇

赏味期
5 天

数量

20g × 12 个

器具

打蛋器
长刮刀
钢盆
叉子

食材

奶油⋯⋯⋯50g
砂糖⋯⋯⋯40g
鸡蛋⋯⋯⋯10g
低筋面粉⋯80g
奶粉⋯⋯⋯5g
蔓越莓干⋯50g

烤箱设定

170℃
20~22 分钟

1. 奶油在室温下软化至可用手指按压下去的程度。

2. 将奶油用打蛋器打软。

3. 加入砂糖后用打蛋器搅拌，混合均匀。注意不要搅拌太久。

4. 加入鸡蛋，用打蛋器均匀混合，混合至看不到蛋液。

5. 加入过筛的低筋面粉、奶粉，用长刮刀拌匀至看不见粉粒。

6. 蔓越莓干对半切开，加入面团中，混合均匀。

7. 从面团中分别取出约20g的小面团，以掌心滚圆，置于烤盘内。

8. 拿叉子轻压圆面团，压出造型纹路。注意保持厚度。

9. 放入已预热的烤箱中，以170℃烤20~22分钟。

吕老师Note ——————

❀ 步骤8：有厚度的饼干会有松软口感，请在出炉后静置1天让饼干回软。若出炉当天食用则口感比较脆。

❀ 步骤9：先烤20分钟，确认是否已烘烤上色，然后决定是否需再多烤2分钟。

软式巧克力曲奇

赏味期
5 天

数量
20g × 12 个

器具
打蛋器
长刮刀
钢盆
叉子

食材
奶油	50g
红糖	50g
动物性鲜奶油	10g
低筋面粉	75g
可可粉	10g
耐高温巧克力豆	50g

烤箱设定
170℃
20~22 分钟

1. 奶油在室温下软化至可用手指按压下去的程度。

2. 将奶油用打蛋器打软。

3. 加入红糖后用打蛋器搅拌，混合均匀。注意不要搅拌太久。

4. 加入鲜奶油，用打蛋器均匀混合，混合至看不到液体。

5. 加入过筛的低筋面粉、可可粉，用长刮刀拌匀至看不见粉粒。

6. 加入巧克力豆后用长刮刀将面团混合均匀。

7. 将面团放在桌面搓揉成团，从中个别取出约20g 的小面团，用掌心滚圆后置于烤盘内。

8. 拿叉子轻压圆面团，压出造型纹路的同时注意保持厚度。

9. 放入已预热的烤箱中，以 170℃烤 20~22 分钟。

吕老师 Note

❀ 步骤 8：有厚度的饼干会有松软口感，请在出炉后静置 1 天让饼干回软。若出炉当天食用则口感比较脆。

❀ 步骤 9：先烤 20 分钟，确认是否已烘烤上色，然后决定是否需再多烤 2 分钟。

黑糖
奶油酥

赏味期
5 天

数量
15g × 9 个

器具
打蛋器
长刮刀
钢盆

食材
奶油 ⋯⋯⋯ 45g
黑糖 ⋯⋯⋯ 20g
低筋面粉 65g
奶粉 ⋯⋯⋯ 5g

装饰
黑糖 ⋯⋯⋯ 适量

烤箱设定
160℃
20~25 分钟

1. 奶油在室温下软化至可用手指按压下去的程度。

2. 将奶油用打蛋器打软。

3. 加入黑糖后用打蛋器搅拌，混合均匀。注意不要搅拌太久。

4. 加入过筛的低筋面粉、奶粉，用长刮刀拌匀至看不见粉粒。

5. 将面团放在桌面搓揉成团，从中取出约 15g 的小面团，用掌心轻轻滚圆成形。

6. 碗中装适量黑糖，将滚圆的面团放入碗中滚圈，每一面都沾裹上黑糖后置于烤盘上，再以拇指、食指、中指的指腹，聚拢按压面团上方，捏出造型。

7. 放入已预热的烤箱中，以 160℃ 烤 20~25 分钟。

吕老师 Note

❀ 黑糖奶油酥饼口感有点类似核桃酥，但不像核桃酥需要加很多糖，口味简朴又香甜可口。

❀ 步骤 3：如果黑糖颗粒较粗，要先过筛后再使用。

❀ 步骤 6：用手指按压成形，让面团成为有薄有厚的手捏形状，能让烤制完成的饼干同时拥有酥脆及酥松的两种口感风味。

美式蓝莓玉米脆片饼干

赏味期
5 天

数量
20g × 16 个

器具
打蛋器
长刮刀
钢盆
叉子

食材
奶油·············65g
红糖·············55g
鸡蛋·············25g
低筋面粉······100g
蓝莓干··········50g
无糖玉米脆片···35g

烤箱设定
170℃
20~25 分钟

1. 奶油在室温下软化至可用手指按压下去的程度。

2. 将奶油用打蛋器打软。

3. 加入红糖后用打蛋器搅拌，混合均匀。注意不要搅拌太久。

4. 加入鸡蛋，用打蛋器均匀混合，混合至看不到液体，颜色略变淡。

5. 加入过筛的低筋面粉，用长刮刀拌匀至看不见粉粒。

6. 加入蓝莓干、玉米片，用长刮刀将面团混合均匀。

7. 将面团放在桌面搓揉成团，再从中分别取出约20g的小面团，用掌心滚圆后置于烤盘内。

8. 进烤炉前轻压一下。需注意保持厚度约1cm左右。

9. 放入已预热好的烤箱中，以170℃烤20~25分钟。

吕老师Note

❀ 配方中的蓝莓干可用蔓越莓干替代。蓝莓干的酸度大于甜度，因此是这款美式饼干的首选食材。若以蔓越莓干代替，饼干口味则会偏甜。

❀ 步骤9：先烤20分钟后确认是否已烘烤上色，然后决定是否需再多烤2分钟。

帕玛森
南瓜子酥饼

赏味期
3 天

数量
20g × 10 个

器具
打蛋器
长刮刀
钢盆

食材

奶油	50g
砂糖	25g
低筋面粉	75g
芝士粉	5g
南瓜子	40g

装饰
帕玛森芝士粉 · 适量

烤箱设定
160℃
15 分钟

1. 奶油在室温下软化至可用手指按压下去的程度。

2. 将奶油用打蛋器打软。

3. 加入砂糖后用打蛋器搅拌，混合均匀。注意不要搅拌太久。

4. 加入过筛的低筋面粉、芝士粉，用长刮刀拌匀至看不见粉粒。

5. 加入南瓜子，用长刮刀将面团混合均匀。

6. 将面团放在桌面搓揉成团，从中取出约 20g 的小面团，用掌心轻轻滚圆成形置于烤盘后，按压成厚度约 0.5cm 的薄形，形状可以不必刻意一致，这样更有手工饼干的趣味感。

7. 用叉子舀取芝士粉，以晃动方式轻轻撒在饼干面团上。

8. 放入已预热好的烤箱中，以 160℃烤 15 分钟。

吕老师 Note

• 步骤 6：在按压面团时，注意不要把边缘压太薄，否则容易烤焦。

• 步骤 7：秘诀在于使用叉子而非汤匙，这样可让粉撒得均匀。

海盐
巧克力饼干

赏味期
5 天

数量
20g × 13 个

器具
打蛋器
长刮刀
钢盆

食材
奶油 ·················· 50g
砂糖 ·················· 65g
鸡蛋 ·················· 10g
低筋面粉 ············ 65g
可可粉 ·············· 10g
切碎的苦甜巧克力 ··· 60g

装饰
海盐 ······ 适量

烤箱设定
160℃
20 分钟

1. 奶油在室温下软化至可用手指按压下去的程度。

2. 将奶油用打蛋器打软。

3. 加入砂糖后用打蛋器搅拌，混合均匀。注意不要搅拌太久。

4. 加入鸡蛋，用打蛋器均匀混合，混合至看不到液体，颜色略变淡。

5. 加入过筛的低筋面粉、可可粉，用长刮刀拌匀至看不见粉粒。

6. 加入切碎的巧克力，用长刮刀将面团混合均匀。

7. 将面团放在桌面搓揉成团，从中个别取出约20g 的小面团，用掌心轻轻滚圆成形后置于烤盘上。

8. 以手指捻取足量海盐，轻轻撒在饼干面团上。

9. 放入已预热好的烤箱中，以 160℃烤 20 分钟。

吕老师Note ——————

❀ 步骤 6：使用切碎的巧克力是为了增加巧克力的浓郁风味，因此不可用高温巧克力豆代替。

❀ 步骤 7：饼干要滚得特别圆（不要压扁），以使其保持一定的湿度。这样一来，烘烤时被融化的巧克力就会被饼干充分吸收。

❀ 步骤 8：选用颗粒较粗的海盐，且要多撒一些，这样才能完美搭配巧克力。

荷兰高达
黑胡椒饼干

赏味期
3 天

数量
20g × 10 个

器具
打蛋器
长刮刀
钢盆

食材
奶油·················60g
糖粉·················30g
蛋黄·················10g
低筋面粉··············100g
黑胡椒················1g
荷兰高达乳酪（切丁）···20g

装饰
黑胡椒粒···········适量
荷兰高达乳酪（切丁）···适量

烤箱设定
160℃
20~22 分钟

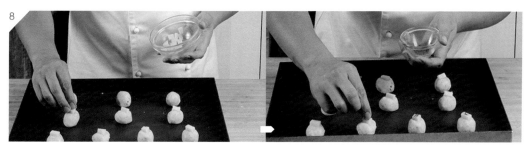

1. 奶油在室温下软化至可用手指按压下去的程度。

2. 将奶油用打蛋器打软。

3. 加入糖粉，用打蛋器搅拌，混合均匀。注意不要搅拌太久。

4. 加入蛋黄，用打蛋器均匀混合，混合至看不到液体，颜色略变淡。

5. 加入过筛的低筋面粉、黑胡椒，用长刮刀拌匀至看不见粉粒。

6. 加入切成约 1cm 见方的高达乳酪，用长刮刀轻拌匀成团。

7. 将面团放在桌面搓揉成团，从中取出约 20g 的小面团，用掌心轻轻滚圆成形后置于烤盘上。

8. 将切成 1cm 见方的高达乳酪放在饼干面团上，再撒黑胡椒提味。若希望口味咸一点可再多加海盐。

9. 放入已预热好的烤箱中，以 160℃烤 20~22 分钟。

吕老师 Note

● 荷兰的高达乳酪用全脂鲜奶制作而成，奶香浓郁，与咸味平衡搭配，是荷兰出口比例最高的芝士种类。高达乳酪常常被用在焗烤类料理中，是最能代表荷兰的乳酪。

● 步骤 3：配方选用了糖粉，这样饼干口感会较酥。如果使用砂糖则饼干口感会比较脆。

松露
橄榄油酥饼

赏味期
3 天

数量
10g × 25 个

器具
打蛋器
长刮刀
钢盆

食材
松露橄榄油 … 60g
砂糖 ……… 60g
鸡蛋 ……… 15g
杏仁粉 …… 30g
低筋面粉 … 100g
洋香菜粉 …… 1g

烤箱设定
160℃
20 分钟

  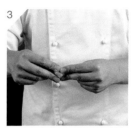

1. 将松露橄榄油、砂糖、鸡蛋倒入小钢盆，用打蛋器搅拌，混合均匀。注意不要搅拌太久。

2. 加入过筛的低筋面粉、杏仁粉、洋香菜粉，用长刮刀拌匀至看不见粉粒。

3. 将面团放在桌面搓揉成团，从中个别取出约10g 的小面团，以双手手指前端对捏，压成不规则多边形后置于烤盘中。

4. 放入已预热的烤箱中，以 160℃烤 20 分钟。

吕老师 Note

❀ 在部分米其林餐厅中，饼干会被当成"开胃菜"。通常，使用松露橄榄油为饼干提味，做成可一口吃掉的大小，供餐前食用。若买不到松露橄榄油，也可用一般橄榄油代替。

❀ 洋香菜也可用罗勒叶替代。

❀ 步骤 3：这种面团本身韧性不高，捏压时如果散开，可先握拳轻压紧后再轻捏形状。

松露亚当乳酪酥饼

食材与步骤 1~3 同松露橄榄油酥饼

4. 在捏好的面团底部填压进一个约 1cm 见方的亚当乳酪。

5. 放入已预热好的烤箱中，以 160℃烤 20 分钟。

吕老师 Note

❀ 亚当乳酪在烘烤后会略带苦味，与松露橄榄油十分搭配，适合当作前菜。使用一般乳酪替代也可以，只是风味会不同。

核桃巧克力
饼干

赏味期
3 天

数量
20g × 15 个

器具
打蛋器
长刮刀
钢盆

食材
苦甜巧克力 ···· 50g
奶油 ············· 60g
砂糖 ············· 60g
鸡蛋 ············· 25g
低筋面粉 ······· 65g
碎核桃 ·········· 40g

装饰
核桃 ········· 适量

烤箱设定
170℃
20 分钟

1. 奶油在室温下软化至可用手指按压下去的程度。

2. 以隔水加热方式化开苦甜巧克力，保持微温状态。

3. 小钢盆中加入软化奶油、化开的巧克力酱、砂糖、鸡蛋，用打蛋器迅速搅拌，使其混合成均匀的膏状。

4. 加入过筛的低筋面粉，用长刮刀拌匀至看不见粉粒。

5. 加入碎核桃搅拌均匀。

6. 将面团放进冰箱冷藏30分钟。

7. 将面团放在桌面搓揉成团。在桌上及面团上先略撒高筋面粉，揉至不粘手，从中取出约20g的小面团，用掌心轻轻滚圆成形后置于烤盘上。

8. 在滚圆的小面团顶端轻压上核桃装饰。

9. 放入已预热好的烤箱中，以170℃烤20分钟。

吕老师 Note

- 步骤6：这种面团较为松软，需先冷藏一段时间，方便后续制作。
- 步骤7：冷藏后取出面团，先按压一下，若发现太硬、压不下去表示冰过头了，就需要放在室温下等退冰到可按压的程度。若觉得太黏则表示还需要多冷藏一些时间。

美国妈妈的
布朗尼饼干

赏味期
3 天

数量

25g × 15 个

器具

打蛋器
长刮刀
钢盆

食材

低筋面粉	75g
碎核桃	60g
耐高温巧克力豆	45g
奶油	60g
苦甜巧克力	100g
枫糖浆	10g
鸡蛋	50g

装饰

耐高温巧克力豆 适量

烤箱设定

170℃
20 分钟

1. 奶油在室温下软化至可用手指按压下去的程度。

2. 以隔水加热方式化开苦甜巧克力，保持微温状态。

3. 小钢盆中加入软化奶油、化开的巧克力酱、枫糖浆、鸡蛋，用打蛋器迅速搅拌，使其完全混合成均匀的膏状。

4. 加入过筛的低筋面粉、耐高温巧克力豆、碎核桃，用长刮刀拌匀至完全混合。

5. 将面团放进冰箱冷藏30分钟。

6. 将面团放在桌面搓揉成团。在桌上及面团上先略撒高筋面粉，揉至不粘手，从中取出约25g的小面团，用掌心轻轻滚圆成形。

7. 在滚圆的小面团单面黏附耐高温巧克力豆。将有巧克力豆的一面朝上，放在烤盘上。

8. 放入已预热好的烤箱中，以170℃烤20分钟。

吕老师Note

❀ 布朗尼饼干是真正正确的布朗尼配方，而布朗尼蛋糕实际上是布朗尼饼干的配方的"失败品"，后来反而成为著名的糕点。

❀ 步骤3：枫糖浆可用蜂蜜替代。不过，枫糖浆的香气对巧克力风味影响更小。

❀ 步骤4：这款配方最特别之处在于不需要先把低筋面粉搅匀，而是一定要连配料都同时一起加入拌匀，以免面粉搅拌过度变得太硬。

❀ 步骤5：完成的面团较为松软，需先冷藏一段时间，方便后续制作。

抹茶
小雪球

赏味期
7 天

数量
10g×20 个

器具
打蛋器
长刮刀
钢盆

食材
杏仁粉……30g
低筋面粉…70g
抹茶粉………3g
红糖………30g
奶油………60g
白巧克力…20g

装饰
糖粉………适量

烤箱设定
160℃
15 分钟

1. 奶油在室温下软化至可用手指按压下去的程度。

2. 以隔水加热方式化开白巧克力，记得保持微温状态。

3. 小钢盆中加入软化奶油、化开的巧克力酱、红糖、抹茶粉，用打蛋器迅速使其混合在一起，成均匀的膏状即可，不要打太久。

4. 加入过筛的低筋面粉、杏仁粉，用长刮刀拌匀至看不见粉粒。

5. 将面团放进冰箱冷藏 30 分钟。

6. 将面团放在桌面搓揉成团。在桌上及面团上略撒高筋面粉，揉至不粘手。从中取出约10g 的小面团，用掌心滚圆后置于烤盘上。

7. 放入已预热好的烤箱中，以 160℃烤 15 分钟。

8. 出炉后趁热用筛网在饼干上撒大量糖粉，晾凉即可。

吕老师 Note

- 步骤 5：因面团含有巧克力的油脂，所以较软，冷藏使其稍凝固能利于后续造型。

- 步骤 8：在撒放糖粉过程中会发现糖粉渐渐被饼干吸收。一定要多次来撒上糖粉，直到看得出明显的厚度。注意，必须在刚出炉时趁热撒，不然糖粉无法黏附在饼干上。

- 步骤 8：撒完糖粉后，要等饼干完全冷却才可以移动，这样糖粉才能隔绝水汽，让饼干保持湿润。

香草
可颂饼干

赏味期
7 天

数量
15g × 13 个

器具
打蛋器
长刮刀
钢盆
筛网

食材
奶油⋯⋯⋯⋯65g
香草荚⋯⋯1/4 条
砂糖⋯⋯⋯⋯30g
蛋黄⋯⋯⋯⋯10g
低筋面粉⋯65g
杏仁粉⋯⋯30g

装饰
糖粉⋯⋯⋯适量

烤箱设定
170℃
15 分钟

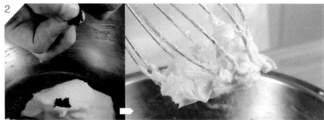

1. 奶油在室温下软化至可用手指按压下去的程度。

2. 将香草荚拨开，取出香草籽加入奶油中，用打蛋器打软混合。

3. 加入砂糖，用打蛋器搅拌，混合均匀。注意不要搅拌太久。

4. 加入蛋黄，用打蛋器拌匀至看不见液体。

5. 加入过筛的低筋面粉、杏仁粉，用长刮刀拌匀至看不见粉粒。

6. 将面团放进冰箱冷藏 30 分钟。

7. 将面团放在桌面搓揉成团。在桌上及面团上略撒高筋面粉，揉至不粘手后，从中取出约 15g 的小面团。

吕老师 Note

◈ 这是奥地利人圣诞节必备的饼干点心，很适合当作圣诞小礼物送人。

◈ 步骤 2：香草籽要先加入，以使奶油包覆香草的香味，同时需要用奶油将香草籽推开来，不然容易结粒以致无法拌均匀。

◈ 步骤 6：将面团冷藏能让奶油略凝固，以利后续造型。

◈ 步骤 7：冷藏后取出面团，先按压一下，若发现太硬、压不下去表示冰过头了，就需要放在室温下等退冰到可按压的程度。若觉得太黏则表示还需要多冷藏一些时间。

8. 将小面团在桌上轻滚，搓成中间粗、两头尖的梭子形，长度调整为约 10cm。再将两端往内弯，整理成弯月的形状。

9. 放入已预热好的烤箱中，以 170℃烤 15 分钟。

10. 出炉后趁热用筛网在饼干上撒大量糖粉，晾凉即可。

吕老师 Note

❀ 步骤 8：类似可颂的半月形，是非常讨喜的造型。面团滚压塑形时，桌上可撒些许高筋面粉。

❀ 步骤 10：在撒糖粉过程中会发现糖粉渐渐被饼干吸收，所以一定要多次来回撒上糖粉，直到看得出明显的厚度。注意，必须在刚出炉时趁热撒，不然糖粉无法黏附在饼干上。

本书中所有饼干都很适合与小朋友一起动手做，亲子共享烘焙的甜蜜幸福。

PART 3

特殊饼干

Special Biscuits

使用较特别的食材制作而成的饼干，如利用最中饼壳制作的爽脆风味饼干；使用米粉制作出的独特松软饼干；利用面团特性制作出的蕾丝般的薄片饼干……这些虽然是手工饼干制作的综合应用，但是不用担心，只要跟着步骤亲手制作，就能轻松完成。

盐味蜂蜜
腰果仁最中

赏味期
不进烤箱 **5** 天 / 进烤箱 **7** 天

盐味蜂蜜腰果仁最中

红茶枫糖杏仁最中

黑糖芝麻最中

数量
10g × 7 个

器具
单柄锅
耐热刮刀
小汤匙

焦糖夏威夷豆最中

食材
奶油 ……… 20g
红糖 ……… 25g
蜂蜜 ……… 20g
海盐 ……… 1g
腰果 ……… 40g
船形糯米饼壳

烤箱设定
120℃
15 分钟

1. 将腰果敲碎，备用。

2. 奶油、红糖、蜂蜜一起加入单柄锅中加热。

3. 煮滚至 118~120℃，即略起泡、颜色呈现金黄色，熄火。

4. 加入敲碎的腰果搅拌均匀，再加入盐。

5. 用汤匙挖取适量已拌匀调味的碎腰果，填放进船形糯米饼壳中。

6. 将饼摆放上烤盘，放入已预热好的烤箱中，以 120℃烤 15 分钟。

吕老师 Note

- 如果最后不想再进烤箱烘烤就选用熟腰果，反之，则使用生腰果。烘烤时要注意温度，若温度过高，糖会沸腾而外溢流出，使最中饼壳烤得太干硬。

- 步骤 1：因为饼壳较小，所以需先将腰果敲碎以便装填，但切勿捣成粉末，要保留颗粒才有口感。

- 步骤 5：填料要尽量均匀推开铺平，再略凸出一些。

- 步骤 6：建议填装好的最中饼先晾凉后再进烤箱，这样能烤出更脆的口感。

- 步骤 6：如果喜欢口感更酥脆些，可以多烤 3~5 分钟；也可省略进烤箱的步骤直接食用。烤过的饼干可以让保存期限增加 2 天。

最中饼

最中（もなか）的饼壳材料是糯米，制作过程包括碾粉、蒸糯、利用模具细火烘烤等繁复工序，成品口感酥脆。在日本，最常直接以2个饼壳夹封红豆馅直接食用。其实，也可以在烘焙材料行买到现成的最中饼壳，从而制作出酥脆型饼干。

将奶油和糖煮到118℃的状态形成的热糖浆，加入适当坚果类食材拌匀，拌好之后均匀铺平进最中饼壳内，再利用低温烘烤使其更加酥脆。二次烤过的最中饼若适当密封保存，保存期限可长达2个星期。

 红茶枫糖杏仁最中

赏味期

不进烤箱 **5** 天
／进烤箱 **7** 天

数量

8g×10 个

器具

单柄锅
耐热刮刀
小汤匙

食材

奶油 ········ 20g
红糖 ········ 25g
枫糖 ········ 20g
红茶粉 ······ 1g
杏仁片 ····· 40g
船形糯米饼壳

烤箱设定

120℃
15 分钟

1. 奶油、红糖、枫糖一起加入单柄锅中加热，煮滚至 118~120℃，即略起泡、颜色呈现金黄色，熄火。

2. 加入杏仁片搅拌均匀，再加入红茶粉拌匀。

3. 用汤匙挖取适量已拌匀调味的杏仁片，填放进船形糯米饼壳。

4. 将饼摆放上烤盘，放入已预热好的烤箱中，以 120℃烤 15 分钟。

吕老师 Note

- 如果最后不想再进烤箱烘烤就选用熟杏仁片，反之，则使用生杏仁片。烘烤时要注意温度，若温度过高，糖会沸腾而外溢流出，使最中饼壳烤得太干硬。
- 选用枫糖是为了与红茶口味搭配。
- 红茶粉易在高温中失去风味，因此建议在拌匀的最后步骤才加入。
- 红茶粉可用红茶茶叶磨成粉，或使用市售茶包内的茶叶末。注意，茶包内的茶叶末有时会颗粒太粗，可视情况再磨细。

- 红茶粉也可用乌龙茶粉、包种茶粉、东方美人茶粉等其他茶粉替代，但不可用抹茶粉替代。
- 步骤 3：填料要尽量均匀推开铺平再略凸出一些。
- 步骤 4：建议填装好的最中饼先晾凉后再进烤箱，这样能烤出更脆的口感。
- 步骤 4：如果喜欢口感更酥脆些，可以多烤3~5 分钟；也可省略进烤箱的步骤直接食用。烤过的饼干可以让保存期限增加为 2 个星期。

黑糖芝麻最中

赏味期

不进烤箱 **5** 天
／进烤箱 **7** 天

数量

8g×12 个

器具

单柄锅
耐热刮刀
小汤匙

食材

奶油·········20g
黑糖·········25g
蜂蜜·········10g
炼乳·········10g
黑芝麻·······30g
白芝麻·······10g
船形糯米饼壳

烤箱设定

120℃
15 分钟

1. 奶油、黑糖、蜂蜜、炼乳一起加入单柄锅中加热，煮滚至 118~120℃，即略起泡、颜色呈现金黄色，熄火。

2. 加入黑芝麻及白芝麻搅拌均匀。

3. 用汤匙挖取适量已拌匀调味的芝麻，填放进船形糯米饼壳。

4. 将饼摆放上烤盘，放入已预热好的烤箱中，以 120℃烤 15 分钟。

吕老师 Note

❀ 务必使用生芝麻，因为使用熟芝麻再加热容易产生油耗味。

❀ 由于芝麻味道较重，因此要以香气较浓郁的黑糖及蜂蜜调配，才会让味道有层次感。若仅用砂糖会让味道太单调。

❀ 搭配炼乳是为了让黑糖风味变得圆润。

❀ 若偏好特殊风味，还可在步骤 2 时添加些许亚麻籽。

4

焦糖夏威夷豆最中

赏味期

不进烤箱 **5** 天
／进烤箱 **7** 天

数量

10g×7 个

器具

单柄锅
耐热刮刀
小汤匙

食材

奶油⋯⋯⋯20g
砂糖⋯⋯⋯25g
蜂蜜⋯⋯⋯20g
夏威夷豆⋯40g
船形糯米饼壳

烤箱设定

120℃
15 分钟

1. 将夏威夷豆切碎，备用。

2. 奶油、砂糖、蜂蜜一起加入单柄锅中加热，煮滚至 118~120℃，即略起泡，颜色呈现金黄色后熄火。

3. 加入切碎的夏威夷豆搅拌均匀。

4. 用汤匙挖取适量已拌匀调味的夏威夷豆，填放进船形糯米饼壳。

5. 将饼摆放上烤盘，放入已预热好的烤箱中，以 120℃烤 15 分钟。

吕老师 Note

- 如果最后不想再进烤箱烘烤就选用熟夏威夷豆，反之，则使用生夏威夷豆。
- 若没有夏威夷豆可用花生替代，那么此时砂糖也需要用红糖代替，才会够香。
- 步骤 1：因为饼壳较小，所以需先将夏威夷豆切碎以便装填，但切勿捣成粉末，要保留颗粒才有口感。
- 步骤 2：为了凸显蜂蜜口味，注意不要将糖浆炒成焦糖。但如果想吃焦糖口味的话就没关系。

香草指型
米饼干

赏味期
7 天

数量
10g×15 个

器具
钢盆
打蛋器
长刮刀

食材
米粉┈┈┈ 55g
糖粉┈┈┈ 20g
低筋面粉 35g
奶油┈┈┈ 50g
香草荚┈ 1/4 条

烤箱设定
150℃
20~25 分钟

米饼干

用米粉取代面粉制作而成的米饼干，近几年来成为点心市场的趋势及主流。米制点心除了能降低麸质过敏的概率，还有很多优点，比如：因为米粉是经过水解之后的淀粉，用米粉做的饼干更容易消化吸收；米的热量比小麦低，因此米饼干的热量也比小麦粉做的饼干要低。

本书在制作米饼干时不会特别加入液体材料，因为食材中仍会包含少许面粉，所以加入水分搅拌会有筋性产生麸质。**不加水才能制作出米饼干的独特松软感。**

日本的米饼干通常使用"上新米粉"，我们在家制作时，则选用蓬莱米粉（注：蓬莱米是台湾地区广为使用的一种糯米）或在来米粉（注：在来米是台湾地区产的一种籼米）都可以，但要注意不可以使用低筋面粉替代。

1. 奶油在室温下软化至可用手指按压下去的程度。

2. 软化的奶油中加入糖粉，使用打蛋器搅拌混合。打至糖有点溶解，奶油颜色变淡的稍发状态。

3. 拨分开香草荚，再用手指将香草籽推挤出来使用。

4. 混合物中加入香草籽后用打蛋器搅拌均匀。

5. 加入过筛的低筋面粉、过筛的米粉，用长刮刀拌匀至成团，必要时可用手捏紧集中材料。

6. 从面团中取出 10g 小面团，横放于指掌间用力握拳压紧塑形。

7. 将饼干摆放上烤盘，放入已预热好的烤箱中，以 150℃烤 20~25 分钟。

吕老师 Note

⚙ 步骤 5：若不好拌匀，可用双手帮忙集中面团。注意，不可加水。

⚙ 步骤 6：若捏后表面有些许裂痕表示捏得不够紧，要再次更用力地握拳压紧至完全成团的状态。

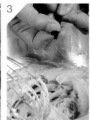

全素

巧克力
米饼干

赏味期
7 天

数量
10g×20 个

器具
钢盆
打蛋器
长刮刀

食材
米粉 ················ 55g
糖粉 ················ 20g
低筋面粉 ········· 25g
可可粉 ············ 10g
奶油 ················ 50g
巧克力豆 ········· 30g

装饰
苦甜巧克力 ···· 适量

烤箱设定
150℃
20~25 分钟

1. 奶油在室温下软化至可用手指按压下去的程度。

2. 软化的奶油中加入糖粉,使用打蛋器搅拌混合。打至糖有点溶解,奶油颜色变淡的稍发状态。

3. 加入过筛的低筋面粉和米粉,再加可可粉,用长刮刀拌匀至成团,必要时可用手揉成团。

4. 加入巧克力豆,用长刮刀均匀拌进面团中。

5. 从面团中取出 10g 小面团,置于指掌间,用力握拳压紧塑型。

6. 将饼干摆放上烤盘,放入已预热好的烤箱中,以150℃烤 20~25 分钟。

7. 出炉后静置晾凉。以隔水加热方式化开苦甜巧克力(可参考 p.12)。

8. 将饼干较无棱角的一面朝下蘸巧克力酱,蘸后以轻甩方式去除多余巧克力。

9. 将饼干静置至黏附的巧克力酱变硬即可。

吕老师Note

❀ 巧克力口味的饼干特别受欢迎,也因此成为米饼干最常制作的口味。

❀ 步骤 3:若不好拌匀,可用双手帮忙集中面团。注意,不可加入任何水。

❀ 步骤 5:若面团表面有些许裂痕表示揉得不够紧,要再次更用力地握拳压紧至完全成团的状态。

咖啡小老鼠
米饼干

赏味期
7 天

数量

10g × 15 个

器具

钢盆
打蛋器
长刮刀

食材

米粉	55g
糖粉	20g
低筋面粉	35g
即溶咖啡粉	2g
奶油	50g

装饰

牛奶巧克力	适量
杏仁片	适量

烤箱设定

150℃
20~25 分钟

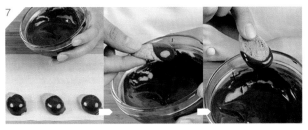

1. 奶油在室温下软化至可用手指按压下去的程度。

2. 将软化的奶油与咖啡粉、糖粉一起用打蛋器搅拌混合。打至糖有点溶解，奶油颜色变淡，呈稍发状态。

3. 加入过筛的低筋面粉和米粉，用长刮刀拌匀至成团，必要时可用手揉成团。

4. 从面团中取出 10g 小面团，滚圆后以 45 度角搓尖其中一端，让面团成为水滴状。

5. 将面团摆放上烤盘，放入已预热好的烤箱中，以 150℃烤 20~25 分钟。

6. 出炉后静置晾凉。以隔水加热方式化开牛奶巧克力（可参考 p.12）。

7. 手持尖端，以圆端下方 2/3 部分蘸巧克力酱。注意，底部尽量不要蘸巧克力，不然会过甜。

8. 挑选 2 片完整的杏仁片，分别贴在巧克力酱上成为老鼠的耳朵。

9. 用三明治袋装填巧克力酱，前端剪小口，在饼干上挤画出老鼠的眼睛及表情。

10. 静置至巧克力酱变硬即可。

吕老师 Note

❀ 由"老鼠爱大米"而研发出的可爱小老鼠造型米饼干。

❀ 步骤 2：咖啡粉只溶于水，而奶油中有些许水分，因此一开始就将咖啡粉与奶油混合。

❀ 步骤 3：若不好拌匀，可用双手帮忙集中面团。注意千万不可加入任何水。

❀ 步骤 4：因米饼干配方中没有加入水，所以面团在滚圆时容易碎开，因此在滚圆前需要先轻握压将面团集中。

红茶白巧克力
米饼干

赏味期
7 天

数量
10g × 15 个

器具
钢盆
打蛋器
长刮刀

食材
米粉·········55g
糖粉·········20g
低筋面粉·····35g
红茶粉········2g
奶油·········50g

装饰
白巧克力·····适量
肉桂粉·······适量

烤箱设定
150℃
20~25 分钟

1. 奶油在室温下软化至可用手指按压下去的程度。

2. 将软化的奶油与红茶粉、糖粉一起用打蛋器搅拌混合。打至糖有点溶解，奶油颜色变淡，呈稍发状态。

3. 加入过筛的低筋面粉和米粉，用长刮刀拌匀至成团，必要时可用手揉成团。

4. 从面团中取出 10g 小面团，将面团滚圆，边滚圆边以摇晃方式轻压，让面团略扁。

5. 将面团摆放上烤盘，放入已预热好的烤箱中，以 150℃烤 20~25 分钟。

6. 出炉后静置晾凉。以隔水加热方式化开白巧克力（可参考 p.12）。

7. 将饼干平底的部分朝下蘸巧克力酱。

8. 撒上少许肉桂粉，静置至巧克力酱变硬即可。

吕老师Note

❀ 若想要饼干呈现明显的咖啡色，可将红茶磨得非常细再使用。

❀ 步骤 2：红茶粉只溶于水，而奶油中有些许水分，因此一开始就将红茶与奶油混合。

❀ 步骤 8：若不喜欢肉桂粉风味也可不撒。

腰果蓝莓
蛋清饼

赏味期
3 天

数量
1 份约 3 颗腰果
×20 个

器具
钢盆
打蛋器
汤匙

食材
腰果⋯⋯⋯100g
蓝莓干⋯⋯⋯20g
低筋面粉⋯10g
蛋清⋯⋯⋯⋯20g
糖粉⋯⋯⋯⋯70g
柠檬皮⋯⋯适量

烤箱设定
170℃
20~25 分钟

1. 将糖粉分三次加入蛋清中，用打蛋器搅拌均匀，混合至看不到糖粉粒。

2. 加入过筛的低筋面粉，用打蛋器搅拌至有浓稠感。

3. 加入生腰果、蓝莓干、柠檬皮后用汤匙拌均匀。

4. 舀出约包含3颗腰果的一汤匙混合物，摆放在铺有不粘布的烤盘上，要立体摆放而不要摊平，每个米饼干的摆放间距要稍大。

5. 放入已预热好的烤箱中，以170℃烤20~25分钟。

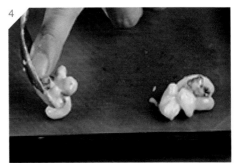

吕老师 Note

🔅 步骤4：若发现高度不明显，可以将其中的腰果摆放至最顶端。

🔅 步骤5：蛋清饼干比较脆，出炉后请先放至完全冷却，再移动。

夏威夷豆
可可蛋清饼

赏味期
3 天

数量

1 份约 4~5 颗
夏威夷豆 ×15 个

器具

钢盆
打蛋器
汤匙

食材

夏威夷豆 120g
可可粉 ⋯⋯⋯ 5g
低筋面粉 ⋯⋯ 5g
蛋清 ⋯⋯⋯⋯ 20g
糖粉 ⋯⋯⋯⋯ 70g

烤箱设定

170℃
20~25 分钟

1. 将糖粉分三次加入蛋清中，用打蛋器搅拌均匀，混合至看不到糖粉粒。

2. 加入过筛的低筋面粉、可可粉，用打蛋器搅拌至有浓稠感。

3. 将生的夏威夷豆全加入，用汤匙拌均匀。

4. 舀出含 4~5 颗夏威夷豆的一汤匙混合物，摆放在铺有不粘布的烤盘上，要立体摆放而不要摊平，每个饼干的摆放间距要稍大。

5. 放入已预热好的烤箱中，以 170℃烤 20~25分钟。

吕老师 Note ——————

🔅 步骤 4：若发现高度不明显，可以将其中的夏威夷豆摆放至最顶端。

🔅 步骤 5：蛋清饼干比较脆，出炉后请先放至完全冷却，再移动。

抹茶南瓜子瓦片

赏味期
5 天

数量
10g × 12 个

器具
钢盆
打蛋器
长柄刮刀
汤匙
叉子

食材
低筋面粉‥‥‥15g
红糖‥‥‥‥30g
蛋清‥‥‥‥30g
抹茶粉‥‥‥‥2g
南瓜子‥‥‥70g
黑芝麻‥‥‥‥5g

烤箱设定
160℃
15~20 分钟

1. 蛋清、红糖、抹茶粉、过筛的低筋面粉一起加入碗中，用打蛋器迅速搅拌均匀。注意，不要打太久，以免起太多泡。

2. 加入南瓜子及黑芝麻，用长刮刀拌均匀。在常温下静置 1 小时，使抹茶与蛋清的风味渗入南瓜子。

3. 用沾过水的汤匙挖取一匙 (约 10g) 静置完成的面糊。

4. 用叉子将汤匙上的面糊推拨在铺有不粘布的烤盘上，叉子再略沾水，将南瓜子轻轻压开摊平，并尽量整理成圆形。

5. 放入已预热好的烤箱中，以 160℃烤 15~20 分钟。

吕老师 Note

🌸 为了突出酥脆度，这份配方中不添加油。

🌸 步骤 1：为了让南瓜子的抹茶风味更强烈，配方中使用 2g 抹茶粉；若个人不喜欢太重的抹茶味，抹茶粉可减至 1g。

🌸 步骤 2：若时间充裕也可放在冰箱冷藏至隔夜，风味会更佳。

杏仁瓦片

赏味期
5 天

数量
10g×12 个

器具
钢盆
打蛋器
长刮刀
汤匙
叉子

食材
低筋面粉 …… 15g
砂糖 ………… 40g
蛋清 ………… 30g
奶油 ………… 15g
杏仁片 …… 50g

烤箱设定
160℃
15~20 分钟

1. 奶油用微波炉加热或隔水加热至化开。

2. 蛋清、砂糖、过筛的低筋面粉一起加入碗中，用打蛋器迅速搅拌均匀。注意，不要打太久，以免起太多泡。

3. 加入化开的奶油，用打蛋器搅拌均匀。

4. 加入杏仁片，用长刮刀拌匀，在常温下静置1小时。

5. 用沾过水的汤匙挖取一匙(约10g)静置完成的面糊。

6. 用叉子将汤匙上的面糊推拨至铺有不粘布的烤盘上，叉子再略沾水，将杏仁片轻压开摊平，并尽量整理成圆形。

7. 放入已预热好的烤箱中，以160℃烤15~20分钟。

吕老师Note

❀ 步骤4：若时间充裕，也可放在冰箱冷藏至隔夜，风味会更佳。

蕾丝柳橙
杏仁薄片

赏味期
2 天

数量

6g×14 个

器具

钢盆
打蛋器
长刮刀
汤匙
塑胶凹槽盘

食材

砂糖 ······50g
柳橙汁 ·····25g
低筋面粉 ···25g
奶油 ·······25g
杏仁果 ·····25g

烤箱设定

190℃
6 分钟

1. 奶油用微波炉加热或隔水加热至化开。

2. 将生杏仁果敲成碎粒，备用。

3. 砂糖、柳橙汁、过筛的低筋面粉、化开的奶油一起加入碗中，用打蛋器搅拌均匀。

4. 加入杏仁碎粒，用长刮刀拌匀，放进冰箱冷藏30分钟。

5. 用沾过水的汤匙挖取一匙（约10g）静置完成的面糊。

6. 用另一只汤匙沾水，将汤匙上的面糊推拨至铺有不粘布的烤盘上，汤匙再略沾水，将杏仁碎粒轻轻压开摊平，并尽量整理成圆形。

7. 放入已预热好的烤箱中，以190℃烤6分钟。

8. 出炉时，趁热将饼干放上塑胶凹槽盘，上方压擀面杖静置3分钟，让饼干能固定成微弯的形状。

柠檬
椰子薄片

赏味期
5 天

数量

5g×38 个

器具

钢盆
打蛋器
长刮刀
汤匙
塑胶凹槽盘

食材

椰子粉 ····· 65g
红糖 ······· 65g
鸡蛋 ······· 50g
奶油 ······· 10g
柠檬皮 ···· 适量

烤箱设定

160℃
10~12 分钟

1. 奶油用微波炉加热或隔水加热至化开。

2. 鸡蛋、红糖、柠檬皮、化开的奶油一起加入碗中，用打蛋器搅拌均匀。注意不要打太久。

3. 加入椰子粉，用长刮刀搅拌均匀，在常温下静置1小时。

4. 用沾过水的汤匙挖取一匙(约10g)静置完成的面糊。

5. 用叉子将汤匙上的面糊推拨至铺有不粘布的烤盘上，叉子再略沾水，将面糊轻轻压开摊平至约0.1cm厚。

6. 放入已预热好的烤箱中，以160℃烤10~12分钟。

7. 出炉时，趁热将饼干放上塑胶凹槽盘，上方压擀面杖静置3分钟，让饼干能固定成微弯的形状。

吕老师 Note

⚙ 步骤1：约使用半颗柠檬皮的分量即足够，若想要柠檬味重一点，使用到1颗的分量也可以。

⚙ 步骤3：常温下静置是指天气比较凉爽的情况下，一旦室温超过25℃则需放冰箱冷藏半小时。

盐味芝士
小圆饼

赏味期
5 天

数量
4g×35 个

器具
钢盆
打蛋器
长刮刀

食材
奶油 …… 30g
糖粉 …… 30g
蛋清 …… 30g
低筋面粉 30g

装饰
芝士粉 … 适量

烤箱设定
190℃
8 分钟

1. 奶油用微波炉加热或隔水加热至化开。

2. 化开的奶油、蛋清、过筛的低筋面粉、糖粉一起加入碗中，用打蛋器搅拌均匀，至面糊完全不结粒。

3. 将面糊放进冰箱冷藏 15~20 分钟。

4. 冷藏后放入三明治袋，前端剪开口挤掉多余空气。

5. 在烤盘上挤出约 3g 的圆形饼干，在饼干上方撒上芝士粉。

6. 放入已预热好的烤箱中，以190℃烤8分钟。

吕老师 Note

❀ 步骤3：若一次制作较多，则需冷藏30分钟。

洋香菜小圆饼

赏味期
5 天

数量

5g×36 个

器具

钢盆
打蛋器
长刮刀

食材

奶油········30g
糖粉········30g
蛋清········30g
低筋面粉····30g
洋香菜粉····1g

装饰

海盐······适量

烤箱设定

200℃
6~8 分钟

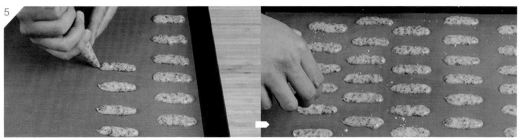

1. 奶油用微波炉加热或隔水加热至化开。

2. 化开的奶油、蛋清、过筛的低筋面粉、糖粉、洋香菜粉一起加入碗中，用打蛋器搅拌均匀，至面糊完全不结粒。

3. 将面糊放进冰箱冷藏 15~20 分钟。

4. 冷藏后放入三明治袋，剪前端开口，挤掉多余空气。

5. 在烤盘上挤出宽 1cm、长 4cm 的长条形饼干，以 4g 左右为宜，在饼干上方撒海盐。

6. 放入已预热好的烤箱中，以 200℃烤 6~8 分钟。

吕老师Note

- 洋香菜粉可用海苔粉或罗勒叶粉代替。
- 步骤 3：若一次制作较多，则需冷藏30分钟。

可丽露
焦糖酥饼

赏味期
5 天

数量
30g×8 个

器具
钢盆
打蛋器
长刮刀
软质 15 连可丽露硅胶模
小平底锅

食材
奶油 ·············· 90g
糖粉 ·············· 35g
咖啡粉 ············ 2g
低筋面粉 ·········· 80g
杏仁粉 ············ 10g

装饰
焦糖酱砂糖 ········ 20g
动物性鲜奶油 ······ 20g

烤箱设定
160℃
30 分钟

1. 奶油在室温下软化至可用手指按压下去的程度。

2. 软化奶油、糖粉、咖啡粉一起加入碗中，用打蛋器搅拌均匀，打至奶油颜色变淡的稍发状态。

3. 加入过筛的低筋面粉、杏仁粉，用长刮刀拌均匀，至面糊呈柔软的状态。

4. 将面糊装填进三明治袋(或裱花袋)中，三明治袋前端剪开口，将多余空气挤压掉。

5. 将面糊挤入可丽露模具中，每个各八分满，再将模具轻敲桌面使面糊表面平整。

6. 放入已预热好的烤箱中，以160℃烤30分钟。

7. 出炉后晾凉，倒扣模具取出饼干，再在饼干上方凹槽面挤上焦糖酱。

焦糖酱制作

1. 锅热后加入砂糖，小火加热化开，用耐热刮刀拌炒至变褐色。

2. 加入鲜奶油，搅拌均匀后关火即可。

可丽露
抹茶酥饼

赏味期
5 天

数量

30g×8 个

器具

钢盆
打蛋器
长刮刀
软质 15 连可丽露硅胶模
小平底锅

食材

奶油·······················90g
糖粉·······················35g
抹茶粉······················2g
低筋面粉····················80g
杏仁粉·····················10g

装饰

抹茶巧克力酱
白巧克力··················50g
抹茶粉······················1g

烤箱设定

160℃
30 分钟

1. 奶油在室温下软化至可用手指按压下去的程度。

2. 软化奶油、糖粉、抹茶粉一起加入碗中，用打蛋器搅拌均匀，打至奶油颜色变淡的稍发状态。

3. 加入过筛的低筋面粉、杏仁粉，用长刮刀拌均匀，至面糊呈柔软的状态。

4. 装填进三明治袋（或裱花袋）中。将三明治袋前端剪开，挤压掉多余的空气。

5. 将面糊挤入可丽露模具中，每个各八分满，再将模具轻敲桌面使面糊表面平整。

6. 放入已预热好的烤箱中，以160℃烤30分钟。

7. 出炉后晾凉，倒扣模具取出饼干，再在饼干上方凹槽处挤上焦糖酱。

抹茶巧克力酱制作

1. 以隔水加热方式化开白巧克力（可参考 p.12）。

2. 加入抹茶粉，搅拌均匀并持续保持微温状态即可。

咖啡豆
饼干

赏味期
5 天

数量

（1~3 克 / 个 ）
50~80 颗

器具

钢盆
打蛋器
长刮刀
牙签

食材

奶油········20g
咖啡粉·······1g
糖粉·······30g
鲜奶········10g
低筋面粉·50g
可可粉·······5g

烤箱设定

160℃
10~12 分钟

1. 奶油在室温下软化至可用手指按压下去的程度。

2. 奶油先用打蛋器打软。

3. 奶油中加入过筛的咖啡粉及糖粉，一起用打蛋器搅拌均匀，至无明显粉粒。

4. 鲜奶分两次加入，用打蛋器搅拌均匀，注意不要打太久。

5. 加入过筛的低筋面粉及可可粉，用长刮刀拌均匀。拌好的面团会有种结实感。

6. 将完成的面团置于桌上，从中取出 1~3g 面团，在掌心滚圆。滚圆后的面团会有油亮感，若没有则表示牛奶量加得不足，可以再多补进一点点鲜奶。

7. 将滚圆的小面团用手指轻轻压滚前后端，使其成为椭圆的豆子形状，再用牙签在面团表面轻压出一下，如咖啡豆裂开的样子。

8. 将饼干摆放在烤盘上，放入已预热好的烤箱中，以 160℃烤 10~12 分钟。

吕老师Note

🌼 步骤 3：咖啡粉只溶于水，而奶油中有些许水分，因此咖啡粉一开始就先跟奶油混合。

🌼 步骤 4：使用鲜奶而非鸡蛋是因为蛋的水分含量不够，不足以将咖啡粉的香气释放出来。

🌼 步骤 5：因为要做的是比较硬的小饼干，所以面团也比较硬。面团的硬度会因所使用的面粉及可可粉的吸水力不同而有差异。因此，拌匀过程中，如果觉得过硬，可视情况再多加入 1~2 滴鲜奶，但注意不要过量。

🌼 步骤 6：建议可分出大小不一的小面团，这样才会更像自然的咖啡豆。

🌼 步骤 7：选用较细的牙签，会让成品更像咖啡豆。

彩色糖球
巧克力饼干

赏味期
3 天

数量
15g × 16 个

器具
钢盆
打蛋器
长刮刀
汤匙

食材
奶油·················75g
砂糖·················30g
鸡蛋·················25g
低筋面粉············65g
可可粉···············5g
杏仁片·············15
无糖玉米脆片·······25g

装饰
苦甜巧克力·······适量
市售彩色糖球·····适量

烤箱设定
180℃
20~25 分钟

1. 奶油在室温下软化至可用手指按压下去的程度。

2. 奶油先用打蛋器打软。

3. 奶油中加入砂糖粉，用打蛋器略搅拌均匀。

4. 鸡蛋分三次加入，用打蛋器搅拌均匀，并尽量保持糖的颗粒。

5. 再加入过筛的低筋面粉、可可粉，用长刮刀拌匀。

6. 最后加入杏仁片、无糖玉米脆片，用长刮刀拌匀。完成的面团会略粘手，须放冰箱冷藏30分钟。

7. 冷藏完成后以汤匙挖取约15g的面团，摆放在烤盘上，放入已预热好的烤箱中，以180℃烤20~25分钟。

8. 出炉后晾凉，以隔水加热方式化开苦甜巧克力。

9. 饼干平底的部分蘸一层薄薄的巧克力酱。

10. 依自己喜好选用彩色糖球，摆放在巧克力酱上即成。

PART 4

小点心

Snacks

通常，饼干礼盒中除了饼干还会有糖果、巧克力等小点心，因此，
在自组手工饼干礼盒时，除了选出赏味期相同的可口手工饼干外，
最好再加些赏味期相同的小点心，包括炒焦糖坚果、韩国巧克力
砖、巧克力岩石块等。小点心的加入让亲手做的手工饼干礼盒更加
丰富。

焦糖
杏仁片

赏味期
5 天

器具

单柄深锅
木匙
筛网
钢盆
叉子

食材

砂糖 …… 100g
水 ……… 120g
蜂蜜 …… 10g
杏仁片 … 150g

烤箱设定

160℃
10~15 分钟

1. 将砂糖、水、蜂蜜一同加入单柄深锅中，边加热边以木匙搅拌至沸腾。

2. 沸腾后加入生的杏仁片，以木匙搅拌至再次沸腾后立刻熄火。

3. 将整锅焦糖杏仁片倒进筛网，筛去多余的糖水后放入烤盘中，用叉子拨开、均匀铺平。

4. 放入已预热好的烤箱中，以 160℃烤 10~15 分钟，烤至有色泽。

　※ 应用变化：可可岩石块（p.116）
　　　　　　　蔓越莓巧克力岩石块（p.118）

吕老师 Note ——————

❀ 筛除的多余糖水即为天然的香料糖浆，放冰箱冷藏，可保存约 7 日。可用于涂抹蛋糕表面，增添杏仁香气。

❀ 步骤 4：因为已先用糖煮过，只要冷却就会有脆度，所以烤的时候不需要全部烤成均一化的焦糖色泽，烤好的成品有焦糖色、金黄色、咖啡色等，不同颜色交杂，不同口感呈现。

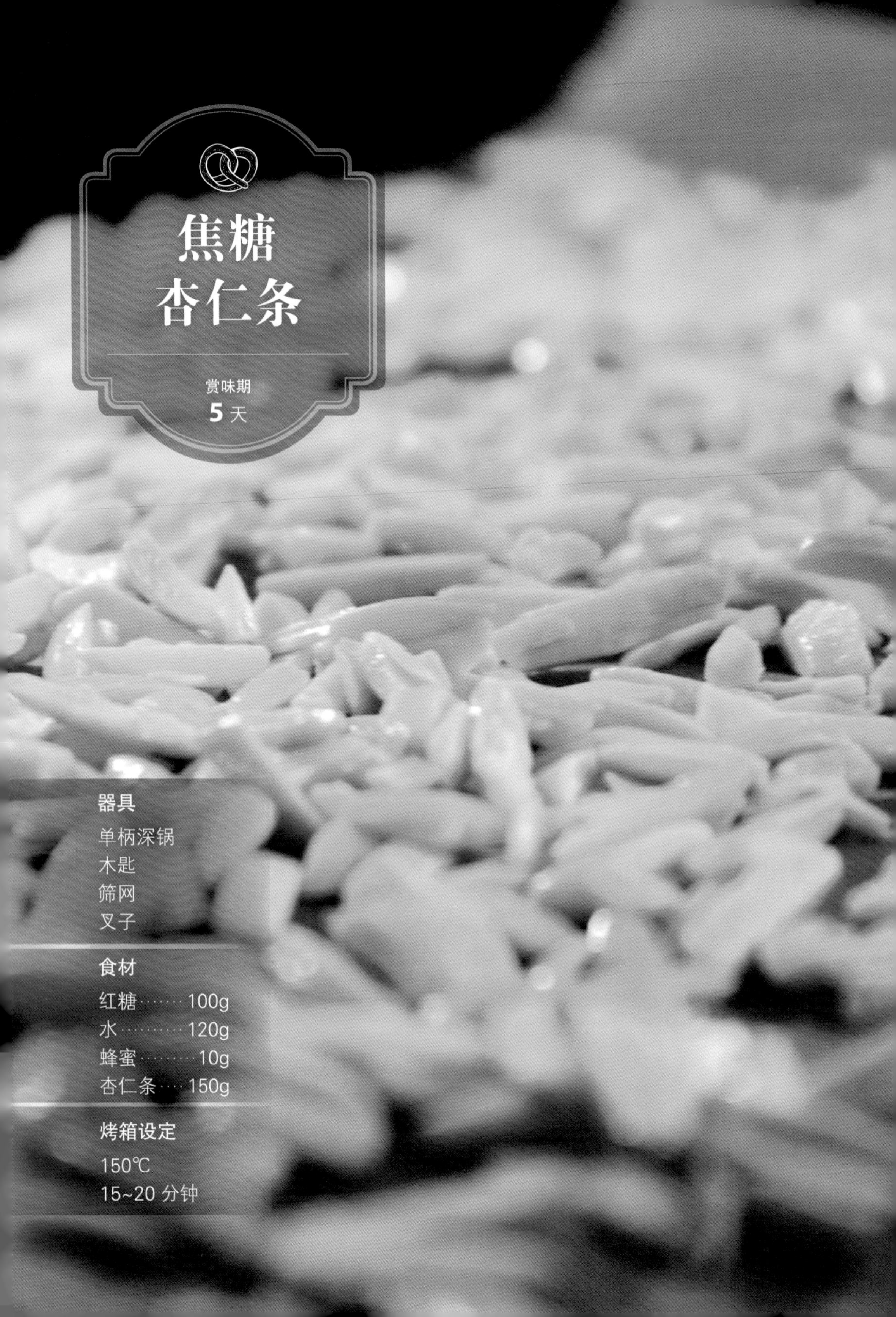

焦糖
杏仁条

赏味期
5 天

器具
单柄深锅
木匙
筛网
叉子

食材
红糖 ⋯⋯ 100g
水 ⋯⋯⋯ 120g
蜂蜜 ⋯⋯⋯ 10g
杏仁条 ⋯⋯ 150g

烤箱设定
150℃
15~20 分钟

1. 将红糖、水、蜂蜜一起加入单柄深锅中，边加热边搅拌至沸腾。

2. 沸腾后加入熟杏仁条，搅拌至再次沸腾后让其多滚 10 秒再熄火，使杏仁条能够更入味。

3. 将整锅焦糖杏仁条倒进筛网，筛去多余糖水，放入烤盘中，用叉子拨开，均匀铺平。注意，必须铺得很平才行。

4. 放入已预热的烤箱中，以 150℃烤 15~20 分钟，烤至每个杏仁条都有焦糖色泽。

※ 应用变化：

抹茶芝麻巧克力杏仁条（p.120）

葵花子白巧克力杏仁条（p.121）

吕老师 Note ——————

🔧 步骤 2：可买市售现成的熟杏仁条。若要自行烘烤，可参考 p.13。

可可
岩石块

赏味期
5 天

数量

（13~15g／个）
10~12 个

器具

钢盆
塑胶袋
汤匙
叉子

食材

苦甜巧克力………适量
耐高温巧克力豆… 20g
焦糖杏仁片………80g

1. 将焦糖杏仁片放进塑胶袋中，用手抓碎，装进钢盆。

2. 盆中加入耐高温巧克力豆。

3. 以隔水加热方式化开苦甜巧克力，舀4匙化开的巧克力酱（总重量为35~45g）加入钢盆。

4. 用汤匙及叉子搅拌至每个杏仁片都均匀沾裹上巧克力。

5. 用汤匙挖取一匙，以叉子拨放于不粘布上，拨放时尽量堆叠成立体状。

6. 静置至巧克力冷却凝固即可。

吕老师 Note

- 步骤1：焦糖杏仁片做法可参考 p.112。
- 步骤3：隔水加热化开巧克力做法可参考 p.12。
- 步骤4：搅拌过程中如果觉得太干可再加入少许化开的巧克力。若因搅拌时间太久而让巧克力硬化，可以用隔水加热的方法再次化开。

蔓越莓巧克力岩石块

赏味期

5 天

数量

（13~15g/个）
10~12 个

器具

钢盆
塑胶袋
汤匙
叉子

食材

牛奶巧克力……适量
蔓越莓干………20g
焦糖杏仁片……80g

1. 将焦糖杏仁片放进塑胶袋中，用手抓碎，装进钢盆。

2. 盆中加入蔓越莓干。

3. 以隔水加热方式化开牛奶巧克力，舀 4 匙化开的巧克力（总重量为 35~45g）加入钢盆。

4. 用汤匙及叉子搅拌至每个杏仁片都均匀沾裹上巧克力。

5. 用汤匙挖取一匙，以叉子拨放于不粘布上，拨放时尽量堆叠成立体状。

6. 静置至巧克力冷却凝固即可。

抹茶芝麻
巧克力杏仁条

赏味期
5 天

数量
（12~15g/个）
10~12 个

器具
钢盆
塑胶袋
汤匙
叉子

食材
抹茶巧克力……适量
黑芝麻…………20g
焦糖杏仁条……80g

1. 将焦糖杏仁条放进塑胶袋，用手抓散成一条一条的，倒进钢盆中。

2. 盆中加入熟黑芝麻。

3. 以隔水加热方式化开抹茶巧克力，舀3匙化开的巧克力酱（总重量为30~40g）加入钢盆。

4. 用汤匙及叉子搅拌至杏仁条都有沾裹到巧克力，但仍看得见焦糖色泽。

5. 用汤匙挖取一匙，以叉子拨放于不粘布上，拨放时尽量堆叠成立体状。

6. 静置至巧克力冷却凝固即可。

吕老师 Note ——————

❀ 步骤1：焦糖杏仁条做法请参考 p.114。

❀ 步骤2：可买市售现成的熟芝麻。若要自行烘烤，可参考 p.13。

❀ 步骤3：隔水加热化开巧克力做法可参考 p.12。

❀ 步骤4：搅拌过程中如果觉得太干可再加入少许化开的巧克力酱。若因搅拌时间太久而让巧克力硬化，可以用隔水加热的方法再次化开。

❀ 步骤5：叉子在每次拨放前都先蘸水清洁，以便将饼干摆放好。

葵花子白巧克力杏仁条

赏味期

5 天

数量

（12~15g/个）
10~12 个

器具

单柄深锅
木匙
筛网
汤匙
叉子

食材

白巧克力 ……… 适量
葵花子 ………… 20g
焦糖杏仁条 …… 80g

1. 将焦糖杏仁条放进塑胶袋，用手抓散成一条一条的，装进钢盆中。

2. 盆中加入葵花子。

3. 以隔水加热方式化开白巧克力后，舀 3 匙化开的巧克力酱（总重量为 30~40g）加入钢盆。

4. 用汤匙及叉子搅拌至杏仁条都有沾裹到巧克力，但保有仍看得见焦糖色泽的状态。

5. 用汤匙挖取一匙，以叉子拨放于不粘布上，拨放时尽量堆叠成立体状。

6. 静置至巧克力冷却凝固即可。

吕老师 Note

⚙ 步骤 1：焦糖杏仁条做法请参考 p.114。
⚙ 步骤 2：可买市售现成的熟葵花子。若要自行烘烤，可参考 p.13。
⚙ 步骤 3：隔水加热化开巧克力做法可参考 p.12。
⚙ 步骤 4：搅拌过程中如果觉得太干可再加入少许化开的巧克力酱。若因搅拌时间太久而让巧克力硬化，可以用隔水加热的方法再次化开。
⚙ 步骤 5：叉子在每次拨放前都先蘸水清洁，以便将饼干摆放好。

森林莓果
白巧克力砖

赏味期
7 天

器具
方形慕斯模
保鲜膜

食材
白巧克力　　150g
蓝莓干⋯⋯⋯适量
蔓越莓干⋯⋯适量
葡萄干⋯⋯⋯适量
无花果干⋯⋯适量

装饰
彩色糖球⋯⋯适量

1. 将方形慕斯模底部与侧边包上保鲜膜，底部要绷紧。

2. 以隔水加热方式化开巧克力，注意保持微温状态。

3. 将化开的巧克力倒进方形慕斯模中，厚约0.8cm，拿起模具往四个侧边轻轻晃动，让巧克力液摊平。

4. 在巧克力上随意摆放上适量的果干，最后在表面撒上彩色糖球进行装饰。

5. 轻敲模具，让整体更加平整，放进冰箱冷藏30分钟。

6. 从冰箱取出后脱模即可。

吕老师Note

❀ 水果巧克力砖是韩国的新时尚甜点，各式巧克力上随意排列的果干营造出美感。酸甜果干与甜蜜巧克力的搭配十分可口。

❀ 步骤2：隔水加热化开巧克力做法可参考 p.12。

❀ 步骤3：巧克力砖如果太厚会影响口感，以0.8cm 厚为最佳。

❀ 步骤5：巧克力冷却后会硬化，所以摆放食材过程要尽快完成。

❀ 步骤6：完成的巧克力砖可用保鲜膜包起来叠放，常温保存即可。

缤纷水果白巧克力砖

赏味期

7 天

器具

方形慕斯模
保鲜膜

食材

白巧克力···150g
番茄干·······适量
杏桃干·······适量
番石榴干·····适量
凤梨干·······适量

1. 将方形慕斯模底部与侧边包上保鲜膜，底部要绷紧。

2. 以隔水加热方式化开巧克力，注意保持微温状态。

3. 将化开的巧克力倒进方形慕斯模中，厚约0.8cm，拿起模具往四个侧边轻轻晃动，让巧克力液摊平。

4. 在巧克力上随意摆放上适量的果干，记得要摆得有立体感。

5. 轻敲模具，让整体更加平整，放进冰箱冷藏30分钟。

6. 从冰箱取出后脱模即可。

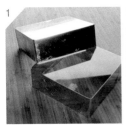

核桃苦甜巧克力砖

赏味期

5 天

器具

方形慕斯模
保鲜膜

食材

苦甜巧克力·······150g
核桃············· 适量
耐高温巧克力豆····适量

1. 将方形慕斯模底部与侧边包上保鲜膜，底部要绷紧。

2. 以隔水加热方式化开巧克力，注意保持微温状态。

3. 将化开的巧克力倒进方形慕斯模中，厚约0.8cm，拿起模具往四个侧边轻轻晃动，让巧克力液摊平。

4. 在巧克力上随意摆放上适量的核桃及巧克力豆。

5. 轻敲模具，让整体更加平整，放进冰箱冷藏30 分钟。

6. 从冰箱取出后脱模即完可。

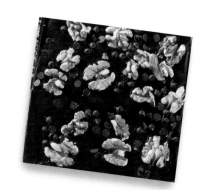

坚果牛奶巧克力砖

赏味期

5 天

器具

方形慕斯模
保鲜膜

食材

牛奶
巧克力……150g
杏仁果……适量
夏威夷豆…适量

装饰

海盐………适量

1. 将方形慕斯模底部与侧边包上保鲜膜，底部要绷紧。

2. 以隔水加热方式融化巧克力，注意保持微温状态。

3. 将化开的巧克力倒进方形慕斯模中，厚约0.8cm，拿起模具往四个侧边轻轻晃动，让巧克力摊平。

4. 在巧克力上随意摆放上适量的熟杏仁果及熟夏威夷豆，最后在表面撒上海盐调节口味。

5. 轻敲模具，让整体更加平整，放进冰箱冷藏30分钟。

6. 从冰箱取出后脱模即可。

芝麻抹茶巧克力砖

赏味期

5 天

器具

方形慕斯模
保鲜膜

食材

抹茶
巧克力⋯⋯100g
白芝麻⋯⋯20g
黑芝麻⋯⋯30g

装饰

白芝麻⋯⋯适量
黑芝麻⋯⋯适量

1. 将方形慕斯模底部与侧边包上保鲜膜，底部要绷紧。

2. 以隔水加热方式化开巧克力，注意保持微温状态。

3. 将化开的巧克力倒进方形慕斯模中，厚约0.8cm，拿起模具往四个侧边轻轻晃动，让巧克力液摊平。

4. 再倒入白芝麻及黑芝麻，略搅拌，最后在表面撒少许白芝麻与黑芝麻加以装饰。

5. 轻敲模具，让整体更加平整，放进冰箱冷藏30分钟。

6. 从冰箱取出后脱模即可。

1

4

5

综合水果
巧克力拼盘

赏味期
3 天

数量
约 15 个

器具
三明治袋或裱花袋

食材
白巧克力···100g
杏桃干······适量
凤梨干······适量
番石榴干···适量
葡萄干······适量

1. 以隔水加热方式化开巧克力。

2. 将化开的巧克力装填入三明治袋或裱花袋中，前端开小口。将平烤盘的底朝上反放，再摆上不干布烤纸，挤放上圆形的巧克力酱，在桌面轻敲，让其自然摊平成形。

3. 将水果干摆放在巧克力酱上，尽量摆得有立体感。摆放时若发现巧克力已变硬，可用吹风机的暖风将其吹化后再摆放。

4. 摆放完成后静置，等巧克力冷却硬化即可。

吕老师Note ─────────

❀ 步骤 1：隔水加热化开巧克力做法可参考 p.12。

蓝莓
巧克力拼盘

赏味期
3 天

数量
约 15 个

器具
三明治袋或裱花袋

食材
白巧克力···100g
蓝莓干······适量
柠檬皮······适量

1. 以隔水加热方式化开巧克力。

2. 将化开的巧克力装填入三明治袋或裱花袋中，前端开小口。将平烤盘的底朝上反放，再摆上不粘布烤纸，挤放上圆形的巧克力酱后，在桌面轻敲，让其自然摊平成形。

3. 将蓝莓干摆放在巧克力酱上，并撒上适量柠檬皮加以装饰，摆放时若发现巧克力已变硬，可用吹风机的暖风将其吹化后再摆放。

4. 摆放完成后静置，等巧克力冷却硬化即可。

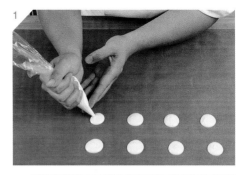

吕老师 Note _____

❀ 步骤 1：隔水加热化开巧克力做法可参考 p.12。

综合莓果巧克力拼盘

赏味期
3 天

数量
约 15 个

器具
三明治袋或裱花袋

食材
白巧克力……100g
番茄干……适量
杏桃干……适量
蔓越梅干……适量
柠檬皮……适量

1. 以隔水加热方式化开巧克力。

2. 将化开的巧克力装填入三明治袋或裱花袋中，前端开小口。将平烤盘的底朝上反放，再摆上不粘布烤纸，挤放上圆形或长条形的巧克力酱后，在桌面轻敲，让其自然摊平成形。

3. 将水果干摆放在巧克力酱上，尽量摆得有立体感，最后撒上柠檬皮作装饰。摆放时若发现巧克力已变硬，可用吹风机的暖风将其吹化后再摆放果干或坚果。

4. 摆放完成后静置，等巧克力冷却硬化即可。

Note ————————

⚙ 步骤 1：隔水加热化开巧克力做法可参考 p.12。

小鱼干花生巧克力拼盘

赏味期
3 天

数量
约 15 个

器具
三明治袋或裱花袋

食材
白巧克力 ……… 100g
市售小鱼干花生 … 适量

装饰
枸杞 …………… 适量

1. 以隔水加热方式化开巧克力。

2. 将化开的巧克力装填入三明治袋或裱花袋中，前端开小口。将平烤盘的底朝上反放，再摆上不粘布烤纸，挤放上圆形的巧克力酱后，在桌面轻敲，让其自然摊平成形。

3. 将小鱼干花生摆放在巧克力酱上，尽量摆得有立体感，并撒上些许枸杞加以装饰。摆放时若发现巧克力已变硬，可用吹风机的暖风将其吹化后再摆放。

4. 摆放完成后静置，等巧克力冷却硬化即可。

吕老师 Note ————————

🌸 步骤1：隔水加热化开巧克力做法可参考 p.12。

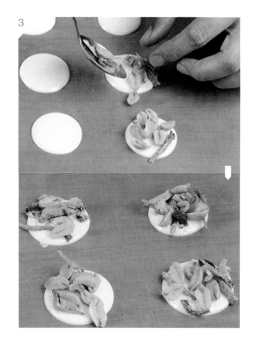

热带坚果
巧克力拼盘

赏味期
3 天

数量
约 20 个

器具
三明治袋或裱花袋

食材
牛奶巧克力　　100g
夏威夷豆⋯⋯⋯适量
核桃⋯⋯⋯⋯⋯适量
杏仁果⋯⋯⋯⋯适量
海盐⋯⋯⋯⋯⋯适量

1. 以隔水加热方式化开巧克力。

2. 将化开的巧克力装填入三明治袋或裱花袋中，前端开小口。将平烤盘的底朝上反放，再摆上不粘布烤纸，挤放上圆形的巧克力酱后，在桌面轻敲，让其自然摊平成形。

3. 分别将一颗坚果摆放在巧克力酱上，尽量摆得有立体感，并撒上些许海盐调味。摆放时若发现巧克力已变硬，可用吹风机的暖风将其吹化后再摆放。

4. 摆放完成后静置，等巧克力冷却硬化即可。

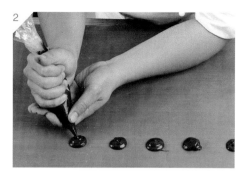

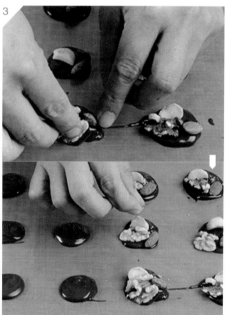

吕老师Note ——————

✿ 步骤 1：隔水加热方式化开巧克力做法可参考 p.12。

✿ 步骤 3：可买市售的熟坚果。若要自行烘烤，可参考 p.13。

腰果南瓜子巧克力拼盘

 # 杏仁水果巧克力拼盘

赏味期

3 天

数量

约 20 个

器具

三明治袋
或裱花袋

食材

牛奶巧克力 ···· 100g
腰果············ 适量
南瓜子·········· 适量
杏桃干········· 适量

赏味期

3 天

数量

约 20 个

器具

三明治袋
或裱花袋

食材

牛奶
巧克力 ···· 100g
杏仁果 ···· 适量
杏仁条 ···· 适量
番石榴干 ·· 适量

1. 以隔水加热方式化开巧克力。

2. 将化开的巧克力装填入三明治袋或裱花袋中，前端开小口。将平烤盘的底朝上反放，再摆上不粘布烤纸，挤放上圆形的巧克力酱后，在桌面轻敲，让其自然摊平成形。

3. 分别在巧克力酱上摆放一颗腰果、少许南瓜子、一个杏桃干，尽量摆得有立体感。摆放时若发现巧克力已变硬，可用吹风机的暖风将其吹化后再摆放。

4. 摆放完成后静置，等巧克力冷却硬化即可。

1. 以隔水加热方式化开巧克力。

2. 将化开的巧克力装填入三明治袋或裱花袋中，前端开小口。将平烤盘的底朝上反放，再摆上不粘布烤纸，挤放上圆形的巧克力酱后，在桌面轻敲，让其自然摊平成形。

3. 分别在巧克力酱上摆放一颗杏仁果、少许杏仁条、一个番石榴干，尽量摆得有立体感。摆放时若发现巧克力已变硬，可用吹风机的暖风将其吹化后再摆放。

4. 摆放完成后静置，等巧克力冷却硬化即可。

夏威夷豆巧克力拼盘

赏味期

3 天

数量

约 20 个

器具

三明治袋
或裱花袋

食材

牛奶巧克力……100g
夏威夷豆………适量
海盐…………适量

1. 以隔水加热方式化开巧克力。

2. 将化开的巧克力装填入三明治袋或裱花袋中，前端开小口。将平烤盘的底朝上反放，再摆上不粘布烤纸，挤放上圆形的巧克力酱后，在桌面轻敲，让其自然摊平成形。

3. 分别在巧克力酱上摆放 3 颗夏威夷豆，再撒放些许海盐调味。摆放时若发现巧克力已变硬，可用吹风机的暖风将其吹化后再摆放。

4. 摆放完成后静置，等巧克力冷却硬化即可。

吕老师 Note

◈ 步骤 1：隔水加热方式化开巧克力做法可参考 p.12。

◈ 步骤 3：可买市售的熟夏威夷豆。若要自行烘烤，可参考 p.13。

坚果巧克力拼盘

赏味期
3 天

数量
约 30 个

器具
三明治袋或裱花袋

食材
苦甜巧克力 … 100g
夏威夷豆 …… 适量
葵花子 …… 适量
核桃 …… 适量

1. 以隔水加热方式化开巧克力。

2. 将化开的巧克力装填入三明治袋或裱花袋中，前端开小口。将平烤盘的底朝上反放，再摆上不粘布烤纸，挤放上长条形的巧克力酱，在桌面轻敲，让其自然摊平成形。

3. 分别排列摆放坚果在巧克力酱上，尽量摆得有立体感。摆放时若发现巧克力已变硬，可用吹风机的暖风将其吹化后再摆放。

4. 摆放完成后静置，等巧克力冷却硬化即可。

吕老师 Note ————————

🌸 步骤1：隔水加热方式化开巧克力做法可参考 p.12。

🌸 步骤3：可买市售的熟葵花子。若要自行烘烤，可参考 p.13。

杏仁腰果巧克力拼盘

 # 核桃夏威夷豆
巧克力拼盘

赏味期

3 天

数量

约 30 个

器具

三明治袋
或裱花袋

食材

苦甜巧克力······100g
杏仁果········适量
腰果··········适量
杏仁条········适量

赏味期

3 天

数量

约 30 个

器具

三明治袋
或裱花袋

食材

苦甜巧克力······100g
核桃··········适量
夏威夷豆······适量

1. 以隔水加热方式化开巧克力。

2. 将化开的巧克力装填入三明治袋或裱花袋中，前端开小口。将平烤盘的底朝上反放，再摆上不粘布烤纸，挤放上长条形的巧克力酱后，在桌面轻敲，让其自然摊平成形。

3. 分别在巧克力酱上排列摆放坚果，尽量摆得有立体感。摆放时若发现巧克力已变硬，可用吹风机的暖风将其吹化后再摆放。

4. 摆放完成后静置等巧克力冷却硬化即可。

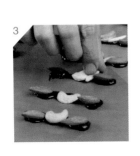

腰果杏仁南瓜子
巧克力拼盘

赏味期

3 天

数量

约 30 个

器具

三明治袋
或裱花袋

食材

苦甜巧克力……100g
腰果…………适量
杏仁果………适量
南瓜子………适量

1. 以隔水加热方式化开巧克力。

2. 将化开的巧克力装填入三明治袋或裱花袋中，前端开小口。将平烤盘的底朝上反放，再摆上不粘布烤纸，挤放上长条形的巧克力酱后，在桌面轻敲，让其自然摊平成形。

3. 分别在巧克力酱上排列摆放坚果，尽量摆得有立体感。摆放时若发现巧克力已变硬，可用吹风机的暖风将其吹化后再摆放。

4. 摆放完成后静置，等巧克力冷却硬化即可。

吕老师Note

💠 步骤 1：隔水加热化开巧克力的做法可参考
　　　　　p.12。

💠 步骤 3：可买市售的熟坚果。若要自行烘烤，
　　　　　可参考 p.13。

腰果果糖

赏味期
5 天

器具
单柄深锅
木匙
粗筛网
叉子

食材
腰果 ······100g
砂糖 ······100g
水 ··········50g

1. 在单柄深锅内加入水、砂糖，煮至沸腾。

2. 加入熟腰果（可参考 p.13），用木匙持续拌炒，炒至糖完全结晶，离火。

3. 放入筛网中筛去多余结晶。黏附糖结晶的腰果果糖会有部分成团块状，可用叉子轻刺散开。

 吕老师Note _____

- 拌炒糖水时，水分蒸发的瞬间糖就会结晶。如果错过结晶时机而继续拌炒下去就会变成焦糖。如果不介意焦糖口味的话也没关系。

- 步骤 2：加入腰果后要持续搅拌，不时停下观察是否需关火。秘诀在于快煮沸呈现浓稠状时，马上熄火搅拌一下，就会有完美结晶；如果熄火搅拌后发现还没出现结晶，可再开火煮一下，再熄火搅拌确认。

- 步骤 3：制作完成后，可在筛出来的多余结晶中加入等量的鲜奶油，一起煮沸即成焦糖酱。保存期限约 3 天。

🂠 草莓腰果果糖

食材与步骤 1~3 同腰果果糖。

4. 将分散好的腰果果糖放进钢盆，用小筛网筛上适量草莓粉。

🂠 抹茶腰果果糖

食材与步骤 1~3 同腰果果糖。

4. 将分散好的腰果果糖放进钢盆，用小筛网筛上适量抹茶粉。

杏仁果糖

赏味期
5 天

器具
单柄深锅
木匙
粗筛网
叉子

食材
带皮杏仁果········100g
砂糖············100g
水··············50g

1. 在单柄深锅内加入水、砂糖，煮至沸腾。

2. 再加入熟杏仁果（可参考 p.13），用木匙持续拌炒，炒至糖完全结晶，离火。

3. 将材料倒进筛网中，筛去多余的结晶。黏附糖结晶的杏仁果糖会有部分成团块，可用叉子轻刺散开。

吕老师Note

- 拌炒糖水时，水分蒸发的瞬间就会结晶。如果错过结晶时机而继续拌炒下去就会变成焦糖。如果不介意焦糖口味的话也没关系。
- 步骤2：加入杏仁果后要持续搅拌，并不时停下观察是否需关火。秘诀在于快煮沸时，马上熄火搅拌一下，就会有完美结晶；如果熄火搅拌后发现还没出现结晶，可再开火煮一下，再熄火搅拌确认。
- 步骤3：制作完成后，可在筛出来的多余结

晶中加入等量的鲜奶油，一起煮沸即成焦糖酱。保存期限约3天。

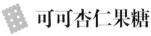

可可杏仁果糖

食材与步骤 1~3 同杏仁果糖。

4. 将分散好的杏仁果糖放进钢盆，用小筛网筛上适量可可粉。

杏仁焦糖

赏味期

5 天

器具

单柄深锅
木匙
粗筛网

钢盆
叉子

食材

带皮杏仁果 ······100g
砂糖 ··············100g
水 ··················50g

1. 在单柄深锅内加入水、砂糖，煮至沸腾。

2. 锅中再加入熟杏仁果（可参考 p.13），用木匙持续拌炒，炒至糖的颜色变深，离火。

3. 将杏仁焦糖从锅中舀出，在烤盘上铺平晾凉。

吕老师Note

⚙ 锅中多余的焦糖不要浪费，可以再加入等量的鲜奶油一起煮沸成焦糖酱。保存期限约 3 天。

附录

饼干制作 Q&A

Question & Answer

饼干制作 Q&A

Q 市售的饼干都很甜，自己做的饼干如何调整糖的比例？

A 可以从两个部分调整：

第一，更换糖的种类。例如用红糖或海藻糖等甜度比较低的糖替换部分砂糖，以此来降低甜度。

第二，减少糖的用量。建议减糖的幅度不要高于原本糖量的 10%，因为糖属于饼干中的柔性材料和风味食材，减少太多的话饼干风味会变差，而且饼干容易变得过硬。

Q 市售的饼干都很"油"，如果想要做出比较"健康"的手工饼干，可以挑哪种口味？

A 可在饼干面团中加入高纤谷物，例如燕麦、亚麻籽等食材，以中和油腻感，并且增加口感的丰富性。本书中有许多以橄榄油为基底的饼干配方，都是相当健康且美味的选择。

Q 油、水的比例会如何影响饼干的口感呢？

A 如果饼干配方中的奶油多，做出来的饼干凝结性会下降，口感会变得酥松，但是不容易塑形。饼干的水分不要太多，毕竟饼干制作大多都会使用鸡蛋作为风味凝结食材。用鲜奶或鲜奶油这一类的液体来制作饼干，大多是要凸显奶香风味。

Q 影响饼干松软或酥脆口感的最大因素是什么？

A 除了配方比例之外，饼干的厚薄度会直接影响口感。要突出酥脆口感特性时，可将饼干面团做得薄一些；要突出松软口感特性时，可将饼干面团做得厚实一些。譬如本书的"椰香金字塔"（p.41）就是将面团捏塑出上端尖薄和底部厚实的形状，让一块饼干有不同层次的口感。

Q 老师说的"口感松软的饼干",在家烤好后马上品尝,为什么口感还是偏脆?

A 有厚度的松软饼干,出炉后需静置 1 天左右,让饼干慢慢回软。这样放置后,松软的口感就会出现。

Q 烘烤时间有时标示的是一段时间,譬如 20~22 分钟,要怎么判断该烤多久?

A 以 20~22 分钟为例,是指先设定 20 分钟,出炉后再观察烤好的饼干是否已熟且烘烤上色,如果饼干颜色还太浅就再烤 1 分钟,慢慢归纳出自家烤箱适用的烘烤时间。不同品牌的烤箱其效果会有细微差别,烘烤时间只是一个参考值。大家在家烘烤时,可依饼干出炉后的状况调整时间。

Q 为什么有些面团在捏制时需要在桌上及面团上撒高筋面粉？可以用低筋面粉代替吗？

A 为了避免面团太过粘手及粘黏工作桌，会撒少许高筋面粉，这些面粉称之为"手粉"。通常，手粉会选用高筋面粉，因为高筋面粉的特性符合使用条件。如果没有高筋面粉，用低筋面粉代替也可以。注意，不论使用高筋面粉还是低筋面粉，手粉使用量请尽量少，如果一下撒太多会影响到成品口感。

Q 为什么有些方块酥饼干会有很多碎屑？

A 重点在操作奶油、糖粉一起用打蛋器搅拌的步骤时，注意只要搅拌均匀即可，不可搅拌太久。一旦搅拌过久，就会导致方块酥成品掉屑。

Q 香草荚该怎么挑选呢？

A 依个人喜好。关于各种香草荚的气味调性，整理如下，提供大家参考：

印尼波本香草荚——
综合莓果、烟草、木质、牛奶
马达加斯加波本香草荚——
奶油、可可、烟草、牛奶
巴布亚新几内亚"大溪地"香草荚——
樱桃、鲜花、胡桃、牛奶

Q 香草荚该如何保存？

A 可放在玻璃试管瓶中或装在夹链袋里，在室内通风阴凉处常温保存，避免阳光直射，避免受潮，尽早使用完毕。若需保存较久的时间，可泡在高浓度烈酒中制作成天然香草精保存。

Q 配方中的枫糖与蜂蜜可以互相替代吗?

A 枫糖和蜂蜜虽同为糖浆，甜度也相近，但香气风味仍有差异。一般来说，枫糖的香气风味较温和，蜂蜜的则较强烈。配方中选用枫糖或蜂蜜，主要是依据食材主风味的均衡感来决定。两者如果随意替代，会影响到成品的风味。

Q 为什么书中强调了手工饼干的"赏味期"而不是保存期限?

A 本书的配方的重点就是"零添加"，可以吃得安心又健康。正因为完全无添加，所以不可能放上半年也还可以吃。标注"赏味期"是想告诉大家，饼干并不是放越久就越好，也想帮大家建立一个观念: 饼干在几天内吃才是最好吃的!

图书在版编目（CIP）数据

幸福无添加的手作饼干 / 吕升达著 . -- 青岛 : 青岛出版社 , 2018.9
ISBN 978-7-5552-7503-9

Ⅰ . ①幸… Ⅱ . ①吕… Ⅲ . ①饼干—烘焙 Ⅳ . ① TS213.22

中国版本图书馆 CIP 数据核字 (2018) 第 178046 号

书　　名	幸福无添加的手作饼干
著　　者	吕升达
出版发行	青岛出版社
社　　址	青岛市海尔路182号（266061）
本社网址	http://www.qdpub.com
邮购电话	13335059110　0532-68068026
责任编辑	贺　林
特约编辑	刘　茜
设计制作	张　骏　阿　卡
制　　版	青岛乐喜力科技发展有限公司
印　　刷	青岛名扬数码印刷有限责任公司
出版日期	2018年11月第1版　2018年11月第1次印刷
开　　本	16开（710毫米×1010毫米）
印　　张	10
字　　数	150千
图　　数	550幅
印　　数	1-10000
书　　号	ISBN 978-7-5552-7503-9
定　　价	42.00元

编校印装质量、盗版监督服务电话：4006532017　0532-68068638
建议陈列类别：生活类·美食类

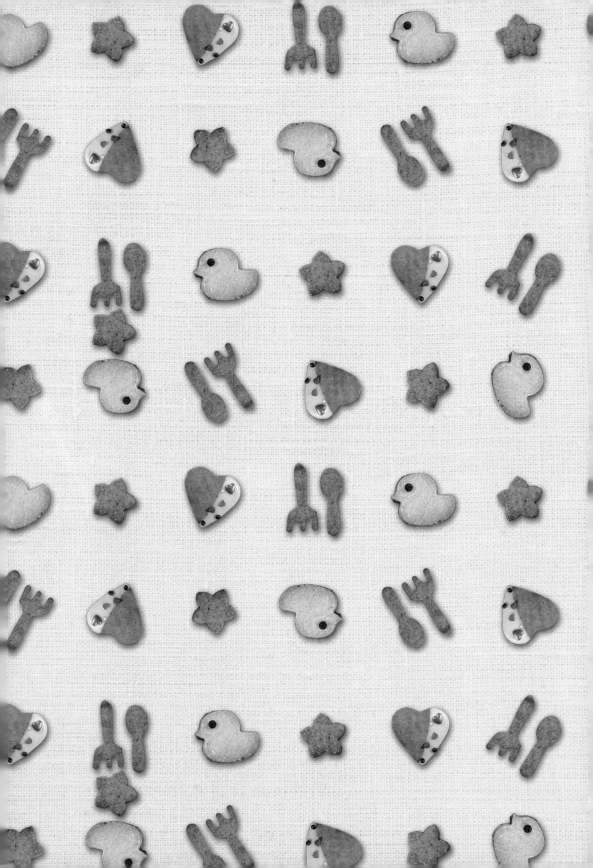

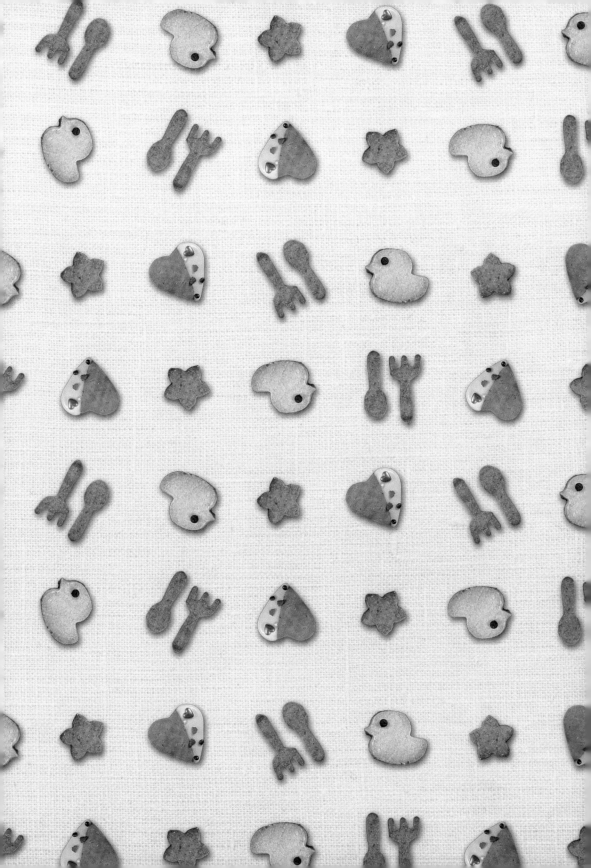

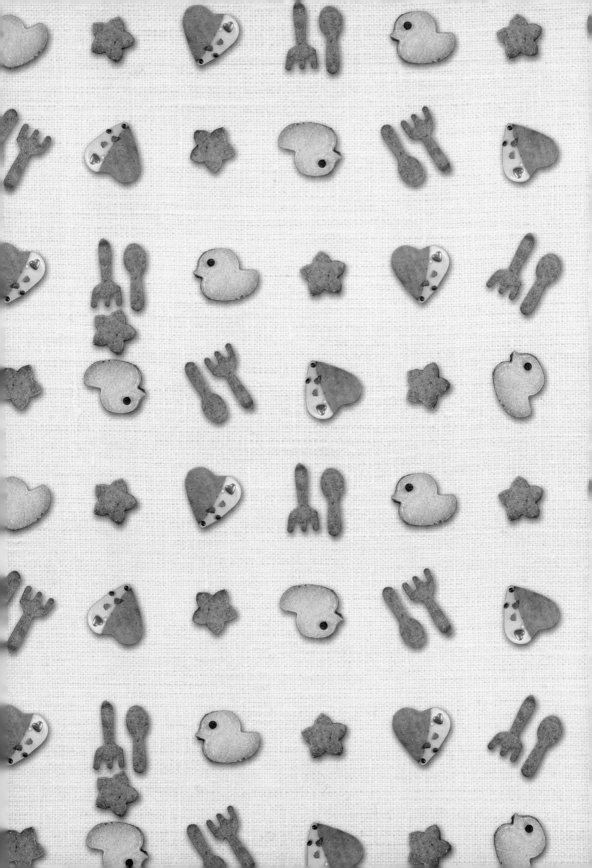

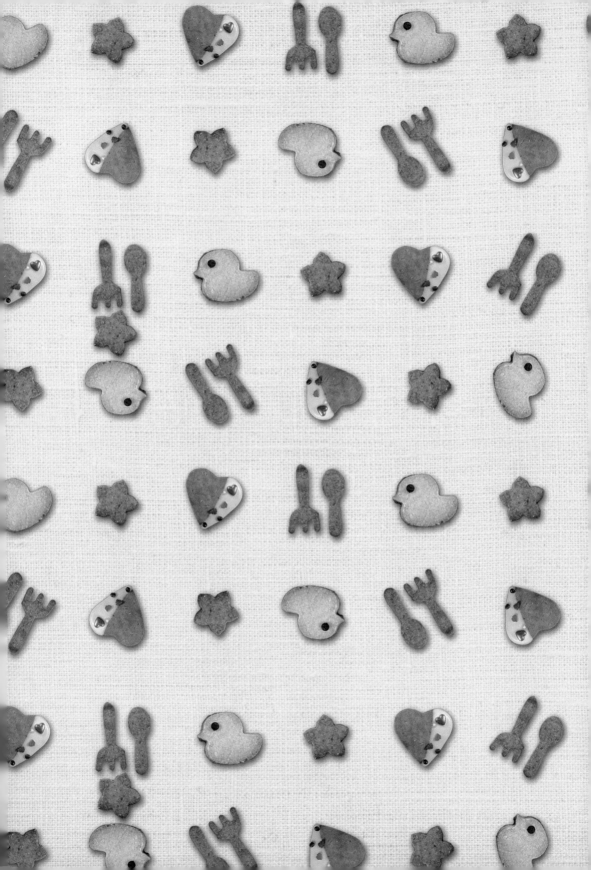